鸡蛋与面包的
百种灵感搭配

今天又想吃
三明治了！

卵とパンの組み立て方
卵サンドの探求と
料理・デザートへの応用

[日]永田唯　著

赵婉宁　译

中信出版集团｜北京

图书在版编目（CIP）数据

今天又想吃三明治了！：鸡蛋与面包的百种灵感搭
配 /（日）永田唯著；赵婉宁译 . -- 北京：中信出版
社 , 2022.9（2024.4 重印）
ISBN 978-7-5217-4689-1

Ⅰ . ①今… Ⅱ . ①永… ②赵… Ⅲ . ①面包－制作
Ⅳ . ① TS213.2

中国版本图书馆 CIP 数据核字 (2022) 第 157041 号

TAMAGO TO PAN NO KUMITATEKATA
TAMAGO SANDO NO TANKYU TO RYORI DESSERT E NO OYO
Copyright @ 2019, Yui Nagata
Chinese translation rights in simplified characters arranged with
Seibundo Shinkosha Publishing Co., Ltd. through Japan UNI Agency, Inc., Tokyo
本书仅限中国大陆地区发行销售

烹饪助理　　石村亚希、坂本咏子
摄影　　　　高杉纯
设计·装帧　那须彩子（苺デザイン）
编辑　　　　矢口晴美

今天又想吃三明治了！：鸡蛋与面包的百种灵感搭配

著者：　　[日] 永田唯
译者：　　赵婉宁
出版发行：中信出版集团股份有限公司
　　　　　（北京市朝阳区东三环北路27号嘉铭中心　邮编 100020）
承印者：　北京启航东方印刷有限公司

开本：787mm×1092mm　1/16　　印张：12　　字数：200千字
版次：2022年9月第1版　　　　印次：2024年4月第5次印刷
京权图字：01-2021-0137　　　　书号：ISBN 978-7-5217-4689-1
定价：88.00 元

前言

说起鸡蛋三明治，最先在你脑海中浮现的是哪种口味的呢？

是用水煮蛋搭配蛋黄酱制成的鸡蛋沙拉三明治，
还是煎蛋三明治？
说不定是炒蛋三明治。

为大家所熟知并喜爱的鸡蛋三明治，
其实也有着五花八门的变化，
正因简单，所以才深刻。

本书会为大家一一解析这些司空见惯的料理。
就让我们从最基础的鸡蛋料理与面包的搭配组合开始吧。
这种搭配并非简单地用两片面包夹起鸡蛋，而是将鸡蛋或放或抹在面包上，
或将面包浸入蛋液，
通过形形色色的组合，探索鸡蛋与面包之间的平衡。
在本书中，《最佳配角：鸡蛋 —— 世界上的三明治》为您讲述不是主角的鸡蛋
如何成为"最佳配角"，
《世界上适宜搭配面包的鸡蛋料理》为您解析鸡蛋如何应用才与面包最为相宜。
不仅如此，最后还有《面包与鸡蛋制成的点心》。
总之，关于鸡蛋的一切，书中应有尽有。

本书不只为穷尽鸡蛋与面包搭配组合之能事，
也在于超越鸡蛋作为食材的边界，
让广大读者能享受面包的乐趣，
呈现一本助力大家一展厨艺的菜品开发创意集。

让我们徜徉在鸡蛋与面包的世界中，
一起去探寻让三明治更加美味的秘密吧！

永田唯

目录

06 最佳配角：鸡蛋

世界上的三明治

07 世界上适宜搭配面包的鸡蛋料理

08 面包与鸡蛋制成的点心

阅读本书前的小贴士

· 本书所使用的固定名词"三明治"，为通常意义上的总称

· 在本书中，所有食谱使用的蛋均为鸡蛋

· 所有食谱使用的鸡蛋均为中号（1枚约50克）

· 计量单位中的"大匙"为15毫升，"小匙"为5毫升

· 本书中使用的生奶油，乳脂含量在38%左右

01

适宜搭配面包的
基础蛋料理

水煮蛋

水煮蛋是蛋料理中最基础的一种，仅仅将鸡蛋入水烹煮便可完成一道简单的菜肴。烹煮程度不同，蛋黄的凝固程度和口感亦随之变化，与面包的搭配方法也有所区别。烹饪器具、火力、热源都会影响鸡蛋的烹煮时长。大家可以参考下文的煮蛋时间，慢慢摸索符合自己口味的烹煮程度。

水开后
3
分钟

半生蛋

蛋清刚开始凝固，蛋黄呈黏稠状，这样的半生蛋为法式早餐必备。半生蛋可以直接带着蛋壳搭配面包食用（参考第88页）。

入水后
8
分钟

半熟蛋

蛋清已经完全凝固，蛋黄仍保持黏稠状，是刚好能剥掉蛋壳的烹煮程度。半熟蛋适合做苏格兰蛋（参考第168页）或沙拉。

入水后
12
分钟

全熟蛋（软）

蛋黄已经凝固，但中心部分依旧软嫩且颜色鲜艳。蛋清软硬适中，蛋黄口感柔滑，不仅与三明治相得益彰，也适用于制作其他料理。

入水后
15
分钟

全熟蛋（硬）

从蛋清到蛋黄都已经彻底煮熟，蛋黄从鲜艳的橙色变成黄中带白的状态。相较于全熟蛋（软），其蛋黄要硬实不少，大家可以根据自己的口味选择如何使用。

【煮 蛋 的 方 法】

煮蛋使用的锅具、一次煮蛋的数量，以及鸡蛋下锅前的温度都会造成水煮蛋在火候上的差异。煮出一个符合自己口味的理想水煮蛋，或者一个好剥壳的水煮蛋，其实比想象的更加困难。一种办法是，将从冰箱中取出的鸡蛋放置到室温后再煮。不过这里要向大家介绍一种更适合一般家庭的煮蛋方法，即从冰箱中取出鸡蛋后直接放入冷水中煮。

材料与工具（便于操作的量）

容量1.3升的小锅、500毫升水、6个鸡蛋

3 开始煮的时候晃动小锅，或者用长筷子给鸡蛋翻身，让蛋黄移动到鸡蛋中央。水开后继续用大火煮1分钟左右，转小火。

1 用鸡蛋较圆的一头在料理台等坚硬的地方磕一下，注意不要磕破，蛋壳出现裂纹即可。使用鸡蛋打孔器（参考第34页）或者图钉也可以。给鸡蛋的气室开孔会让鸡蛋更加好剥。

4 定时器提示到点后，倒掉热水并马上用流动的冷水给鸡蛋降温，防止余热继续加热鸡蛋。在坚硬处磕打鸡蛋，使蛋壳上出现细密的裂纹。

2 将6个鸡蛋放入小锅中，加水至没过鸡蛋（这里是500毫升），开大火煮。根据喜欢的口感设定好定时器。

5 在盆中水或者流动的水中一边给鸡蛋剥壳一边洗刷蛋身，让水分充分浸入薄膜与蛋白之间，就可以轻松剥出干净、完整的鸡蛋。

鸡蛋沙拉

将切好的水煮蛋与蛋黄酱混合即可得到鸡蛋沙拉，鸡蛋沙拉是制作鸡蛋三明治时最为基础的材料。本书中介绍的鸡蛋沙拉的做法均为以食盐、白胡椒、蛋黄酱进行简单调味。
烹煮程度不同、切法不同，乃至颗粒大小不同、搭配的蛋黄酱的比例不同，使成品的口味千差万别。
首先决定自己心仪的口味，然后开始尝试吧。

【鸡蛋的切法与碾法】

水煮蛋的蛋白非常有弹性，蛋黄则极其易碎，在某些情况下并不适合用菜刀切。
根据不同的用途使用适合的工具，可以达到事半功倍的效果。

使用筛网

使用筛网，可以简单高效地将水煮蛋碾成适宜调制鸡蛋沙拉的大小。这里我们用不到筛网的边框，直接将筛网架在盆上使用。大家可以根据自己的喜好选择不同网眼的筛网。

使用鸡蛋切片器

鸡蛋切片器能够轻松将水煮蛋切成厚度一致的薄片。如果家中没有筛网，不妨用鸡蛋切片器进行操作。将水煮蛋横切一次后再纵切一次，最后90度立起来再切一次，切三下就能将水煮蛋变成鸡蛋粒。

使用奶酪切片刀

使用钢丝款的奶酪切片刀可以将蛋黄完美地一分为二，在切半熟蛋时更见其威力。当然我们也可以用缝纫线等代替，不过如果经常需要对半切水煮蛋的话，还是这玩意儿更趁手。

使用菜刀

如果家中没有上述专门工具，用菜刀切水煮蛋也不是不行，只是蛋黄容易粘在刀上，切不了太细。随便切切的滚刀鸡蛋沙拉可以用菜刀搞定，想要切得更细，建议将蛋白和蛋黄分开后再切。

【调制方法】

想要制作基础款鸡蛋沙拉，只须将切好的鸡蛋加食盐和白胡椒调味，再与蛋黄酱拌在一起。与蛋黄酱调和的关键在于，不要将蛋黄碾得过于细碎，以便保留鸡蛋颗粒的口感。只有蛋黄与蛋黄酱不过分融合，才能让鸡蛋沙拉保留水煮蛋特有的手作风味。注意，蛋黄酱用量、鸡蛋颗粒大小会影响成品的风味和口感。此外，蛋黄酱本身的味道、浓度亦会改变蛋与酱的最佳平衡配比。大家可以结合面包或其他食材选择自己最喜欢的一种。

少量蛋黄酱

全熟蛋1个　　　　　蛋黄酱4克

食盐与白胡椒的调味是关键。将蛋黄酱的用量降到最低，可最大限度地感受水煮蛋的风味。鉴于鸡蛋煮得较硬，建议搭配水分较多的蔬菜和酱汁食用。

正常量蛋黄酱

全熟蛋1个　　　　　蛋黄酱8克

在保留水煮蛋风味的同时，也能恰到好处地呈现蛋黄酱的滋味。它既方便涂抹在各种面包上，也能作为基础的鸡蛋沙拉应用于其他料理。推荐先从这个比例开始尝试，再逐渐调配出自己喜欢的味道。

较多蛋黄酱

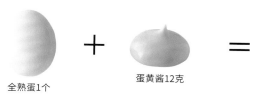

全熟蛋1个　　　　　蛋黄酱12克

随着蛋黄酱的占比增加，鸡蛋沙拉呈现的口感会越来越如奶油般绵密。喜欢蛋黄酱的人可以尝试这种配比。如果水煮蛋的颗粒切得较大，这种配比亦能解决由于蛋黄酱过少而拌不到一起的问题。

【调味变化】

即便是最基础的鸡蛋沙拉，也可以通过改变基本调味料，添加香料、香草等手段衍生出丰富的变化。用作三明治主料的时候，为便于切开，要求其具备一定的保形性，但作为配料使用时，就可以做成含水量较多的酱汁了。这里我们以用在三明治中的鸡蛋沙拉为例，讲解最简单的调味变化。

常规水煮蛋 + 酸奶油 & 蛋黄酱
酸奶油鸡蛋沙拉

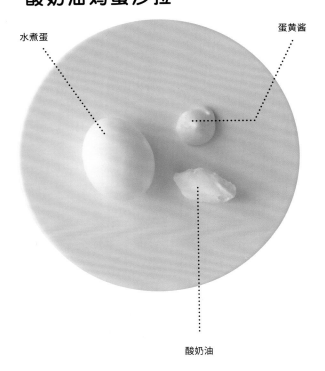

水煮蛋

蛋黄酱

酸奶油

将一部分蛋黄酱换为酸奶油后，爽口的酸味和乳制品的芳香会联袂呈现一道极具特色的上乘鸡蛋沙拉。这样的鸡蛋沙拉不仅适合普通切片面包，与黑麦面包、全麦面包搭配起来更是相得益彰。酸奶油独有的味道能够有效激发黑麦和全麦质朴的香味。

材料（便于操作的量）

全熟蛋（参考第2~3页）……3个
蛋黄酱……15克
酸奶油……20克
食盐……0.5克
白胡椒……少许

做法

用粗眼筛网将全熟水煮蛋碾碎，加入食盐、白胡椒调味，再加入蛋黄酱和酸奶油搅拌混合。

＊请根据个人口味酌情调整蛋黄酱和酸奶油的比例。
＊加入切碎的莳萝、欧芹、香葱等香料，会令味道更加清爽。搭配酸奶油蛋黄酱沙司（参考第27页）风味亦佳。

水煮蛋 ＋ 酱汁 & 蛋黄酱
酱蛋沙拉

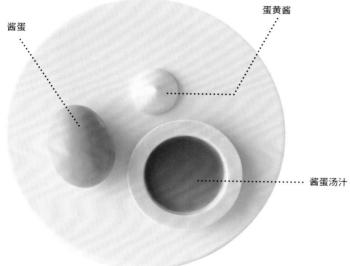

酱蛋

蛋黄酱

酱蛋汤汁

将鸡蛋沙拉做成日式风味会是一种什么样的体验？这个问题的答案，就是下面这道酱蛋沙拉。

浓郁的混合高汤，配合酱油与味啉（甜料酒）调成的甜辣口味酱汁，再将鸡蛋浸泡其中加以煮制，使鸡蛋充分吸收酱汁的鲜美。之后将煮好的酱蛋碾碎，加入汤汁和蛋黄酱搅拌。那吸饱汤汁的蛋黄，闻起来真叫一个香气四溢。

材料（便于操作的量）

酱蛋……4 个
蛋黄酱……20 克
酱蛋汤汁……一大匙

※ 酱蛋做法（便于操作的量）

1 将 5 克昆布放入 500 毫升水中浸泡 1 小时，随后用小火煮开。在沸腾之前取出昆布，加入 10 克鲣鱼干（木鱼花薄片）并转大火，沸腾后再转小火煮 2 分钟。将汤汁过滤后备用。

2 取 300 毫升步骤 1 的汤汁，加入 100 毫升味啉与 50 毫升酱油并煮至沸腾。待味啉中的酒精蒸发干净后，加入 6 个去壳全熟蛋（参考第 2~3 页）。

3 沸腾后转小火继续煮 2 分钟，关火晾凉。

4 放凉后连汤汁带蛋转移到容器里，放入冰箱。冷藏时间为 3 小时至一晚，确保入味。

如何制作煮鸡蛋沙拉

用网眼稍大的筛网将鸡蛋碾碎，将汤汁洒在鸡蛋上，待蛋黄吸收汤汁后，加入蛋黄酱混合搅拌。

＊单独作为一道菜品的话，自然是用半熟蛋来烹制最为美味，但用作鸡蛋沙拉的基础材料的话，半熟蛋不易成型。这里更推荐使用全熟蛋。

＊如果实在不想多费工夫，也可以只制作酱蛋的汤汁，然后与碾碎的水煮蛋混合。虽然蛋白无法像酱蛋那般入味，但就整体风味而言，这款鸡蛋沙拉还是非常有日式风味的。

煎蛋卷

日式家常煎蛋卷（又称玉子烧、厚蛋烧）口味明显偏甜，制作时，味啉、糖粉、食盐这3种调味料的配比平衡最为关键。味啉在使用前要多加一道工序，将其煮开蒸掉酒精味，使其味道更柔和。盐分用来凸显甜味，搭配面包时也能让煎蛋卷的风味更突出。本书使用与切片面包尺寸相符的煎蛋锅来制作煎蛋卷、高汤煎蛋卷和欧姆蛋等，推荐用导热效能高的铜制锅。

材料[1份/小型煎蛋锅（第35页）用量]

鸡蛋……3个
煮开的味啉……1大匙
蔗糖……4/3大匙
食盐……1/4小匙
色拉油……适量

1 将鸡蛋打入碗或盆中，用长筷子搅匀，再加入蔗糖、煮开的味啉、食盐搅匀。

2 煎蛋锅中倒入足量油，铺满锅底，用中火加热。随后用厨房纸吸走多余的油。沾了蛋液的长筷子在锅底划过后发出"嗞"的声响，就表示油温足以用来煎蛋了。

3 将1/3的蛋液倒入锅中。蛋液的边缘会先膨胀起来。

4 用长筷子将边缘的部分向锅中心推拉的同时，让蛋液流动填满缝隙，迅速将蛋煎至半熟状。

5 当蛋液底部凝固，顶部仍是半熟状时，将蛋饼向锅后部卷起，用铲刀操作会更方便。

6 将卷起的蛋卷推到锅前部，用浸过油的厨房纸重新给锅底抹油。

7 将剩余蛋液的1/3倒入锅中，用长筷子轻轻抬起卷好的蛋卷，让少量蛋液流入蛋卷底部。

8 趁蛋液尚未完全凝固，将蛋卷向锅后部翻卷。余下的蛋液分成3份，重复上述操作。

9 将煎制成形的蛋卷推到锅前部，用铲刀轻压蛋卷边缘，使其边角凝固成形。

10 将蛋卷拨到锅后部，一边调整形状一边加热，令蛋卷通体呈现均匀的煎烤色泽。关火后用余温加热即可。不加高汤的话，到这一步一份漂亮的煎蛋卷就可以出锅了。要是还想让形状更好看一些，可以用寿司帘卷一卷，进一步塑形。

※煮开的味啉

将100毫升左右的味啉倒入小锅，待沸腾后倾斜锅口，引灶火入锅。锅内火焰小的时候即可关火。在不想点燃明火或使用电磁炉等无火灶具的情况下，用小火煮沸味啉至酒精味彻底消失即可。煮开的味啉要放入冰箱保存，并尽快用完。

高汤煎蛋卷

煎蛋卷如果包裹了富含鲣鱼干与昆布的鲜味的混合高汤，又会呈现另一种细腻又上等的风味。相较于常规煎蛋卷，高汤煎蛋卷水分较多，如果没有完全掌握烹饪手法，或许会觉得很难掌握火候。下面介绍的做法在重视与面包搭配的平衡的前提下，尽量控制高汤的用量。制作此煎蛋卷的窍门在于给煎蛋锅抹上足量的油，且确保油温足够高之后再倒入蛋液。

材料[一份/小型煎蛋锅用量]

鸡蛋……3个
混合高汤※……3大匙
煮开的味啉……2小匙（参考第9页）
酱油……1小匙　食盐……一小撮
色拉油……适量

※ 混合高汤的制作方法（方便操作的量）
取500毫升水、5克昆布浸泡1小时，小火煮开。开锅前取出昆布，加入10克鲣鱼干并转大火。开锅后转小火再煮2分钟，滤出汤汁。

1 将鸡蛋打入碗中或盆中，加食盐用筷子搅匀。加入混合高汤、煮开的味啉和酱油，再度搅匀后，用细眼笊篱（或者漏勺）过滤。多这一道工序，为的是让成品的口感更柔滑。

2 煎蛋锅中倒入足量的油，铺满锅底，开中火加热。随后用厨房纸吸走多余的油。确认油温足够高后，将1/4的蛋液倒入煎蛋锅。

3 用筷子将受热膨胀的蛋液边缘推向锅中心，同时转动煎蛋锅让蛋液填满缝隙，快速地将蛋液煎至半熟状态。

4 蛋液底部开始凝固，上部仍是半熟状时，将蛋饼向锅后部翻卷起来。如果碰上蛋液粘锅或者难以成形的情况，就用铲刀来卷，以避免失败。

5 卷好后用沾油的厨房纸在锅底再抹上一层油。使用铜制、铁质等没有特氟龙涂层的锅具时，注意多加油，以避免粘锅。

8 用铲刀轻压成形的蛋卷边缘，一边塑形一边使边角彻底凝固。关火用余温加热。

6 将卷好的蛋卷推到锅前部，把剩余蛋液的1/4倒入锅中，用筷子轻轻抬起卷好的蛋卷，让少量蛋液流入蛋卷底部。

9 翻转煎蛋锅，将煎蛋卷放于寿司帘中。即使形状有点崩坏，用寿司帘卷一下也可以塑形。

7 趁蛋液尚未完全凝固，将蛋卷向锅后部翻卷。余下的蛋液分成3份，重复上述操作。

10 高汤煎蛋卷的内部有半熟状的部分，因此非常柔软。用寿司帘塑形时切勿用力重压，卷起后利用煎蛋卷自身的余温加热便可。

欧姆蛋

烹制用鸡蛋搭配食盐与白胡椒调味的朴素料理欧姆蛋时，其诀窍在于使用足量的黄油一口气将鸡蛋煎焙成形，这样成品才会散发浓郁的芳香。根据搭配食材的不同，黄油也可以换成橄榄油或者芝麻油。因为辅料不额外加水，因此蛋液能在短时间内迅速凝固。想要煎出厚度均匀的欧姆蛋，趁蛋液尚未彻底凝固时迅速翻面是关键。本书中的欧姆蛋以能被夹在面包中间为前提，所以使用做煎蛋卷的煎蛋锅烹制。使用的食材和器具与制作煎蛋卷基本一致，不过调味和煎焙方式的不同使得这两种蛋料理的最终呈现效果截然不同。

材料[1份/小型煎蛋锅(第35页)用量]

鸡蛋……3个
无盐黄油……8克
食盐……少许
白胡椒……少许

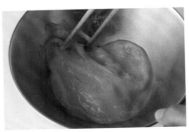

1 将鸡蛋打入碗中或盆中，加入食盐用筷子搅匀后，再加入白胡椒进一步搅匀。

2 煎蛋锅置于灶上，开中火，融化黄油。倾斜煎蛋锅，让黄油快速均匀地铺满锅底。如果油温过高，可将湿抹布贴在锅底进行降温。

3 将蛋液一次性倒入煎蛋锅。此时如果发出"嗞啦"一声，说明黄油被充分加热并与蛋液融合，煎好的欧姆蛋会更香、更蓬松。

4 使用耐热铲或刮刀将受热后膨胀成形的蛋液边缘刮到中央，并大幅度匀速抖动煎蛋锅，让仍呈液态的蛋液流到下方。注意要在这一步将凝固部分与液态部分充分混合。

5 当蛋饼整体呈现半熟状，底部完全凝固后，使用锅铲不断向中央拨弄蛋饼的前部与后部，整理出边缘的形状。

6　用锅铲一口气将蛋饼翻面。蛋饼整体受热过度时，成品的形状不会好看。因此这一步的关键在于，趁蛋饼上部仍处于半熟状时翻面。

7　翻面时，用锅铲略微铲起蛋饼后，斜举煎蛋锅，将蛋饼对着锅底斜着扣进去，就不容易失败。另外，只要蛋饼边缘成形，就能阻止半熟状的蛋液部分外流。

9　再次翻面，确认蛋饼煎焙的成色。两面成色基本一致即可。

8　用锅铲将蛋饼调整至适合面包的尺寸。对蛋饼的前后两个边缘进行塑形。

10　将蛋饼烙至通体金黄，稍带一丝焦黄的均匀色泽即可。关火后余温仍会不断加热蛋饼，要是想吃半熟流心的欧姆蛋，就需要手脚利落地将蛋饼一次性煎至成形。

13

欧姆蛋 【添加生奶油】

往用食盐、白胡椒调味后的蛋液中加入生奶油，以此制成的欧姆蛋口感柔滑、层次丰富，入口即化。为保证加入生奶油后欧姆蛋的口感，烹制时的火候不能太大。尽管容易得到半熟状的成品，但比普通的欧姆蛋更加柔软，翻面的时候务必当心。如果将生奶油换成牛奶，成品口感就更加清爽；增加生奶油的用量，成品的风味则更加浓郁。大家可以通过调整食材的配比或是放入蛋液的辅料设计出符合自己口味的配方。

材料[1份/小型煎蛋锅(第35页)用量]

鸡蛋……3个	无盐黄油……8克
生奶油……3大匙	食盐……少许
白胡椒……少许	

1 将鸡蛋打入碗中或盆中，用长筷子搅匀，然后加入生奶油和白胡椒搅匀。

2 充分搅打蛋液和生奶油至呈均匀柔顺的液态。

3 将煎蛋锅置于灶上，开中火，融化黄油。倾斜煎蛋锅，让黄油快速地铺满锅底。为保留生奶油细腻的风味，注意别把黄油煎焦了。

4 将蛋液一次性倒入煎蛋锅。此时如果发出"滋啦"一声，说明黄油被充分加热并与蛋液融合，煎好的欧姆蛋会更香、更蓬松。

5 使用耐热铲或刮刀将受热后膨胀成形的蛋液边缘刮到中央，并大幅度匀速抖动煎蛋锅，让仍呈液态的蛋液流到下方。注意要在这一步将凝固部分与液态部分充分混合。

6 当蛋饼整体呈半熟状，底部完全凝固后，使用锅铲不断向中央拨弄蛋饼的前部与后部，整理出边缘的形状。

7 用锅铲一口气将蛋饼翻面。与没有添加生奶油的欧姆蛋相比，加入生奶油后蛋饼不容易保持形状，因此蛋饼内部均匀受热，呈现类似布丁的状态时是最好的翻面时机。

9 用锅铲推压前后边缘，将蛋饼调整至适合面包的尺寸。之后再翻一次面，确认煎焙成色。两面成色基本一致即可。

8 翻面时，用锅铲略微铲起蛋饼后，斜举煎蛋锅，将蛋饼对着锅底斜着扣进去，就不容易失败。另外，预先将蛋饼边缘煎至成形也是一种确保成功的方法。

10 将蛋饼烙至通体金黄，稍带一丝焦黄的均匀色泽即可。关火后的余温仍会不断加热蛋饼，要是想吃半熟流心的欧姆蛋，就需要手脚利落地一次性煎至成形。

西式炒蛋 【平底锅做法】

蓬松的西式炒蛋，整体呈半熟的柔软形态，非常好吃。烹制的关键在于使用比制作煎蛋卷更小的火和巧妙利用余温加热这两点。使用小口径的平底锅，蛋液不容易一下子摊得太开，受热也更缓慢。另外要注意的是，如果过度翻弄蛋液，容易做成寻常的炒鸡蛋。烹制时注意，手的运动幅度要大，但速度要慢，这样做出来的西式炒蛋才会蓬松厚实。

材料（1份/使用直径20厘米的平底锅）

鸡蛋……3个
无盐黄油……10克
生奶油……2大匙
食盐……少许
白胡椒……少许

1 将鸡蛋打入碗中或盆中，用长筷子搅匀。然后加入生奶油和白胡椒搅匀。

2 充分搅打蛋液和生奶油至呈现均匀柔顺的液态。

3 将平底锅置于灶上，开中火，融化黄油，倾斜锅身让黄油快速地铺满锅底。如果油温过高，黄油容易被烤焦。此时将湿抹布贴在锅底降温即可。

4 将蛋液一次性倒入平底锅。此时如果发出"嗞啦"一声，说明黄油被充分加热并与蛋液融合，成品会更香、更蓬松。

5 蛋液会从平底锅的边缘开始凝固。使用耐热铲子或刮刀，将凝固的蛋液周围部分向中心拨，让未凝固的蛋液填充留下的缝隙。注意要在这一步将凝固部分与液态部分充分混合。

6 一旦温度过高，就将平底锅置于湿抹布上进行降温，通过不断调整温度，让蛋液缓慢受热。此时若过分翻动，蛋液就容易变成常规的炒鸡蛋。每翻动一次就歇口气，切勿频繁翻炒。

7 大幅度但缓慢地用耐热铲或刮刀拨动蛋液。缓慢地用铲子刮动已经凝固的蛋液部分，让蛋液整体呈现蓬松的半熟状。

8 待到蛋液呈现黏稠厚实的形态时，距离成功就只有一步之遥了。此时注意不要让火太大。

9 将平底锅边缘已经凝固的部分推向中间，令半熟状的鸡蛋聚成一团。随后马上关火，用余温加热。

10 鸡蛋整体呈半熟状，触感柔软、形状蓬松时就可以出锅了。此时平底锅的余温还在继续加热蛋液，需要尽快用容器盛起来。

西式炒蛋【隔水煎做法】

要是想把西式炒蛋整个做成黏稠的半熟状，不妨采用隔水煎这一缓慢均匀的加热方式。成品的口感与平底锅煎制的截然不同，想必任谁都会大吃一惊。下面介绍的做法选用了耐热玻璃盆作为烹饪器具。相比于金属碗盆，玻璃材质导热更稳定，尽管使用起来会花费更多的时间，但基本不会失败。这道软嫩细腻、口感上乘的西式炒蛋，甚至可以直接用作法餐的前菜。

材料（方便操作的量）

鸡蛋……3个
无盐黄油……10克
生奶油……2大匙
食盐……少许
白胡椒……少许

1 在耐热玻璃盆内壁涂抹无盐黄油，防止加热后蛋液粘在盆上。剩余的无盐黄油稍后会用到，先放在一边。

2 锅中加水烧开。如果玻璃盆底部接触到水面，则温度容易陡然上升，因此水量不宜过大，用蒸汽加热即可。

3 将鸡蛋打入碗中或盆中。隔水煎追求成品质的细腻，所以需要挑出蛋黄系带。接着加入食盐、白胡椒和生奶油，搅打至蛋液均匀、顺滑。

4 将耐热玻璃盆架在锅口上，一次性倒入蛋液。

5 用耐热铲或刮刀轻柔地刮动蛋液，将边缘与中心的蛋液进行混合，保持蛋液整体温度一致，受热均匀。

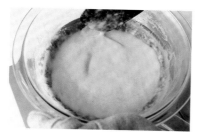

6 蛋液黏稠度上升，呈现奶油般的半凝固状态。此时不要急于求成，继续缓慢搅动，确保温度不过快升高。

7 蛋液会从与玻璃盆底接触部分开始凝固，此时大幅度搅动蛋液，将凝固部分刮干净，以防止粘在盆上。

8 待蛋液整体呈半熟状，加入剩下的无盐黄油，轻柔地搅拌。在这一步加入黄油，既可以激发黄油的香气，也能进一步增强鸡蛋柔滑的口感。

9 关火，用余温加热，直至炒蛋整体呈现湿润的半熟状。

煎蛋

将鸡蛋直接打入平底锅中煎熟，仅此而已。煎蛋（此处指单面煎的鸡蛋）堪称鸡蛋料理基础中的基础，煎焙方式与煎焙程度不同，与其他食材的搭配方式亦相应发生变化。如果用于制作三明治，双面煎蛋更适合。将鸡蛋两面煎熟后，既方便使用面包夹起，也能调整蛋白与蛋黄的上下平衡。煎蛋最大的魅力在于可以轻易调整蛋黄的熟度。若用于法式火腿热蛋三明治之类的顶部装饰，煎蛋时建议用小火慢煎，以保留湿润度，这样制作的煎蛋蛋白柔嫩平滑，蛋黄浓稠绵密。

基础煎蛋（单面煎）

材料(1份)

鸡蛋……1个
色拉油……少许

基础煎蛋(单面煎)

1 将鸡蛋打入小碗中，在平底锅中涂抹色拉油，开中小火加热。将碗中的鸡蛋小心翼翼地倒入平底锅。

2 用蛋壳调整蛋黄位置，让其处于煎蛋的正中央。稍微固定一会儿，下方凝固的蛋白就会锁住蛋黄的位置。

3 要想将鸡蛋煎得表面雪白，就需要沿平底锅边缘倒入1大匙热水（原料表外）。如果是为了降低锅内温度，用冷水亦可。

4 倒水后立即盖上锅盖，将蒸汽锁在锅内。鸡蛋表面温度升高，蛋清凝固成雪白的蛋白。

5 想吃半熟煎蛋的话，待蛋白表面凝固后即可出锅装盘。如果想要蛋黄也完全凝固，不要揭开锅盖，继续加热至期望的状态。

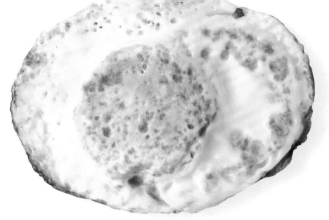

半熟煎蛋(装饰用湿润煎蛋)

双面煎蛋(荷包蛋)

双面煎蛋(荷包蛋)

1 前两步与制作基础煎蛋相同。底部凝固后，在上部的蛋清凝固之前快速地用锅铲翻面。

2 想吃半熟煎蛋的话，待两面都呈焦黄色即可出锅。蛋黄的状态可以用指尖轻触进行确认。

3 在蛋黄呈半熟状时用锅铲压破，蛋黄外流凝固，这样的煎蛋也适合夹在三明治里。

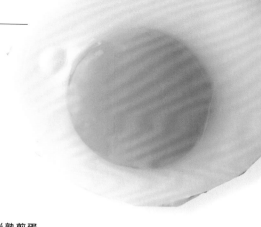

半熟煎蛋
(装饰用湿润煎蛋)

1 将鸡蛋打入笊篱，将蛋清中稀稀拉拉的部分（水样蛋白）分离出去，留下蛋黄和弹力较强的浓蛋白，这样做出来的半熟煎蛋形状才会好看。

2 在平底锅中加入少量无盐黄油，开小火慢煎，不要盖锅盖，煎至透明的蛋清彻底凝固变白即可。

21

水波蛋

将鸡蛋打入热水中煮熟，又称"水潽蛋"。和熟度不同、用法多样的水煮蛋不同，水波蛋的基本要点在于将蛋黄煮至半熟的黏稠状。烹制水波蛋耗时较短，调整熟度也很容易，掌握窍门后，这就是一道简便的鸡蛋料理。虽说不适合直接夹在三明治里食用，却可以用在开放式三明治等需要点缀和适合拿来搭配面包的料理中。如果想更轻松地使用半熟蛋，用温泉蛋代替水波蛋也是个好办法。

材料（1份）

鸡蛋※······1个
醋······适量（推荐用量为热水的0.5%）

※ 尽可能使用新鲜的鸡蛋

1 将鸡蛋打入笊篱，将蛋清中稀稀拉拉的水样蛋白分离出去，留下蛋黄和弹力较强的浓蛋白，这样下入热水后的鸡蛋更容易塑形，不至于煮散。

2 锅中烧开水，加入醋。这里用了600毫升水，2大匙醋。

3 水开后用筷子沿着锅边打转，搅动开水，制造水流。

4 缓缓地将鸡蛋倒入锅的中心位置。受水流作用，蛋清在成形前不会因沸腾而散开。如果蛋清散开了，用长筷子拨弄蛋清使其包裹住蛋黄。

5 改小火煮约3分钟。这一步要看着锅，以免鸡蛋下沉粘在锅底，确保锅中水依旧处于冒泡的沸腾状态。

温泉蛋的制作方法

6 3分钟后用漏勺捞起鸡蛋，用手指轻轻按压确认蛋黄硬度。此时尽管蛋清已经凝固，但仍可以感受到蛋黄的黏稠度。如果蛋清凝固程度不够，就放回沸水中再加热10~20秒。

7 捞出后立即将水波蛋转移到冰水中进行冷却，防止余温进一步使蛋黄凝固。搭配热菜时，需要在装盘前将水波蛋放入热水中涮烫一下，仅加热蛋白即可。

8 如果煮时蛋清飘起来凝结成絮状，用厨房剪刀进行修整即可。

1

在较深的锅中加入1升水，盖上盖煮沸。接着在开水中加入200毫升常温水快速搅拌。这一阶段需要将水温保持在80摄氏度左右。推荐使用保温性和密封性较好的铸铁锅。

2

从冰箱里拿出6~7个鸡蛋，直接放入热水里并立即盖上锅盖，保温20~25分钟。保温20分钟时蛋黄会呈现黏稠的半熟状，25分钟时则成为几近开始凝固、具有温泉蛋特色的状态。成品品相受锅的保温性和室温等因素影响，如果没有十足的把握，可以先敲开一个检查状态。余温仍会继续加热鸡蛋，完成后将鸡蛋置入冷水进行冷却。

3

蛋白柔软水润，蛋黄黏稠绵软，到达这一步就算大功告成了。蛋清的凝固温度在75~80摄氏度，蛋黄的凝固温度在65~70摄氏度。温泉蛋在70摄氏度左右的热水中会以和水煮蛋相反的顺序开始凝固。家中有保温器具或者可以进行温度控制的情况下，也可以不采用上述步骤，改用70摄氏度左右的热水焖30分钟即可。

鸡蛋酱汁 1 冷制酱
蛋黄酱

蛋黄酱可谓鸡蛋制品中的酱汁代表，也是三明治制作中使用频率极高的冷制乳化酱汁。为了省事，我们一般会购买市面上的蛋黄酱。如果对食材的要求比较苛刻，那就从零开始，手工制作蛋黄酱也别有一番风味。只用蛋黄制成的蛋黄酱绵密细腻，口感浓郁。了解过手工蛋黄酱的滋味，明确自身喜好的口味后，即便是市面上的产品也能更好地加以利用。改变油或醋的种类，或是加入第戎芥末酱，或是以原味蛋黄酱为基底加入香料和香草，也能催生无穷尽的变化。

材料（方便操作的量）

蛋黄 ※……1 个
白葡萄酒醋（也可以使用红葡萄酒醋、米醋、苹果醋等符合个人口味的醋）……1 大匙
食盐……1/2 小匙
白胡椒……少许
色拉油……180 毫升

※ 也可以用一整个鸡蛋代替，加入蛋白后，蛋黄酱的口感会更清爽一些。

1 将蛋黄放置至室温状态（蛋黄温度过低时难以乳化，制作容易失败），和白葡萄酒醋一同打入碗中或盆中，搅打均匀。

3 将色拉油拉出细线状缓缓注入盆中，同时用打蛋器搅拌混合。此时可以取一块尺寸足以覆盖盆底的抹布，蘸湿后垫在盆下用以固定，防止盆打滑。

5 随着混合液变得黏稠，开始上劲。想要蛋黄酱口感清爽就少加油，想要口感浓厚就多放一些。此时尝一下味道，不够就再添加食盐和白胡椒。

2 加入食盐、白胡椒，进一步搅打均匀。

4 途中停止加色拉油，将色拉油与蛋液充分混合。注意并非要打到蛋液发泡，而是将打蛋器贴着盆底进行搅拌。每次加入色拉油时，都要这样充分搅拌。

使用手持搅拌器制作

可以将材料一次性倒入后进行制作。有时单个蛋黄难以乳化，不妨使用整个鸡蛋。

做法 取一个广口瓶，或者使用手持搅拌器附带的容器，将材料全部倒入。插入搅拌器，确保搅拌头与容器底紧密贴合，打开开关。待混合物从底部开始乳化变硬时，上下移动搅拌头，让材料充分混合。

鸡蛋酱汁 **2** 温制酱
荷兰酱

与蛋黄酱一样，由鸡蛋、油（黄油）、醋制成，是温制乳化酱汁，也是法餐中具有代表性的酱汁之一。尽管不能大量制作、存放，用途也受到限制，但这仍是我希望大家能够熟练掌握的基本酱料之一。隔水加热并将蛋黄打至发泡，实现酱料蓬松柔滑的质感。用澄清黄油替换融化黄油，就能轻松制作。

材料（方便操作的量）

蛋黄……2个
澄清黄油※（也可使用融化的黄油）……100克
柠檬汁……1大匙
食盐……少许
白胡椒……少许

※ 澄清黄油
将无盐黄油隔水融化后晾凉至常温，待黄油分成两层后，去除表面的浮泡，小心地提取上层澄清的部分，注意不要混入下面的沉淀物。将沉淀物分离出去的黄油会呈现极为细腻的风味，加之保存性好，不容易焦，可以一次性制作大量热烹调用的黄油。

1 将蛋黄和1大匙水（原料表外）倒入碗中或盆中搅打。为了隔水加热时受热缓慢且均匀，这里推荐使用耐高温的玻璃盆。搅打蛋黄的同时可以架锅烧水。

3 蛋黄搅打至黏稠上劲，打蛋器划过会留下明显痕迹时就可以关火了。

5 待蛋黄完全乳化，呈质地黏稠顺滑的奶油状时，再加入柠檬汁、食盐、白胡椒进行调味。完成后的荷兰酱需要隔水保温至50摄氏度，同时覆上保鲜膜以防止表面变干燥。

2 将玻璃盆架在水开后的锅上，隔水加热的同时将蛋黄打至发泡。玻璃盆直接接触沸水会导致温度陡然上升，从而使蛋黄凝固，所以这里注意要用水蒸汽来加热。

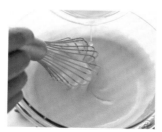

4 将玻璃盆从锅上拿下来，将温热的澄清黄油拉成丝状注入盆中，同时用打蛋器搅拌。和制作蛋黄酱一样，这一步需要细致地让蛋黄乳化。

鸡蛋酱汁 **1** 冷制酱

蛋黄酱 + 食材改造！

以原味蛋黄酱为基底调制而成的各类酱汁，是为三明治带来神奇变化的便利道具。
哪怕只是在市面上的蛋黄酱中加入调味料和佐料，也能轻易催生出各种风味。

芥末蛋黄酱

材料（方便制作的量）

蛋黄酱……50克
芥末……4克

隐隐透着芥末辛辣口感的蛋黄酱与日式食材非常搭，只需一点就能突出其存在感。芥末蛋黄酱可以涂在面包上，或是用作最后点缀的酱汁。将青芥末换成第戎芥末或是黄芥末，又是一番截然不同的感觉。

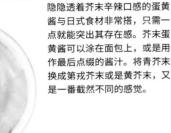

酱油蛋黄酱

材料（方便制作的量）

蛋黄酱……50克
酱油……5克

在蛋黄酱中加入少量酱油，就能令其摇身一变成日式酱汁。用它制作鸡蛋三明治，味道总给人一种非常怀旧的感觉。酱油味蛋黄酱不挑食材，无论肉类还是蔬菜，统统百搭。将酱油换成高汤的话，还能为蛋黄酱平添一份高汤的醇香。

橄榄油蒜泥蛋黄酱

材料（方便制作的量）

蛋黄酱……50克
特级初榨橄榄油……1小匙
大蒜（蒜泥）……5克

橄榄油蒜泥酱（aïoli）是以法国普罗旺斯地区产的橄榄油为基底乳化而成的酱汁，蒜香味浓郁。以蛋黄酱为基底，添加橄榄油和大蒜，便能成就与之相似的风味。橄榄油蒜泥蛋黄酱用来搭配蔬菜，不失为不错的点缀。

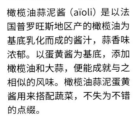

蒜香辣味蛋黄酱

材料（方便制作的量）

蛋黄酱……50克
特级初榨橄榄油……1小匙
大蒜（蒜泥）……5克
卡宴辣椒粉……少许
藏红花……少许

辣椒大蒜酱（rouille）也是法国普罗旺斯地区的一种乳化酱汁，鱼贝类料理（比如普罗旺斯鱼汤）的烹制少不了它。切成片的法棍涂满辣椒大蒜酱后泡在鱼汤里，吃起来着实美味。蒜香辣味蛋黄酱适合用来点缀含有鱼贝类食材的三明治。

奥罗拉酱

材料(方便制作的量)

蛋黄酱……50克

番茄酱……40克

第戎芥末酱……5克

奥罗拉酱将蛋黄酱与番茄酱这两种日本餐桌上最受欢迎的酱汁混合到一起，滋味鲜美，老少咸宜。再点缀一点第戎芥末酱，味道更显绵密。尤其适合搭配欧姆蛋和培根食用。

酸奶油蛋黄酱

材料(方便制作的量)

蛋黄酱……50克

酸奶油……40克

香草（莳萝、欧芹、小葱碎）……3克

食盐……少许

白胡椒……少许

蛋黄酱和酸奶油的组合，给人留下深刻印象的就是轻柔的酸味和奶味。加入大量的新鲜香草能使其风味更加清爽。将蛋黄酱换成酸奶油蛋黄酱，能有效提升食材的鲜味。

塔塔酱

材料(方便制作的量)

蛋黄酱……50克

全熟蛋（用细眼筛网碾碎/第3~4页）……1个

洋葱（切末）……25克

酸黄瓜（腌黄瓜）（切末）……20克

意大利香芹（切末）……2小匙

柠檬汁……1小匙

食盐……少许

白胡椒……少许

塔塔酱配料丰富，用途广泛，是蛋黄酱系酱料的代表之一，适合搭配能凸显酸味的油炸食物。如果增加配料的占比，就会获得近似于鸡蛋沙拉的口感。塔塔酱不仅能作为酱汁使用，还能当作三明治的夹层填充物。

和风塔塔酱

材料(方便制作的量)

蛋黄酱……50克

全熟蛋（用细眼筛网碾碎）……1个

甜醋腌薤头（切末）……25克

紫苏腌茄子（切末）……20克

青紫苏叶（切末）……2枚

柠檬汁……1小匙

食盐……少许

白胡椒……少许

用薤头代替洋葱，紫苏腌茄子代替酸黄瓜，青紫苏叶代替意大利香芹，就能令塔塔酱充满日式风味。此外还可以加入腌萝卜和腌黄瓜，进一步提升塔塔酱风味的层次与深度。多加全熟蛋将其变成一道日式鸡蛋沙拉，也是极好的吃法。

鸡蛋奶油 1
卡仕达奶油

卡仕达奶油的法语是"Crème pâtissière"，直译过来是"糕点师的奶油"，说明这是一种制作点心时不可或缺的奶油。用稍带甜味的面包皮包裹厚实的卡仕达奶油制成的奶油面包就诞生在日本。卡仕达奶油与面包究竟有多般配，从奶油面包的受欢迎程度可知，它也是水果三明治和法式三明治的好伙伴。只要有美味的卡仕达奶油，面包分分钟变成令人欲罢不能的甜点。

材料（方便制作的量）

蛋黄……3个
牛奶……250毫升
细砂糖……60克
低筋面粉……30克
无盐黄油……25克
香草荚……1/3根

2 筛入低筋面粉。

3 充分搅拌，避免粘连结块。

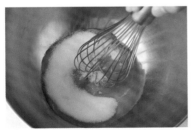

1 将蛋黄置入盆中，加入细砂糖后立刻用打蛋器搅打至蛋液发白。不尽快混合均匀的话，细砂糖吸收蛋黄的水分后就会凝结成颗粒，这一点需要注意。

4 将牛奶倒入锅中后加入香草荚。纵向切豆荚，将豆挑出后和豆荚一起投入锅中，加热至临近沸腾。

5 煮好后倒入盆中，快速混合。

6 把细眼笊篱（或者漏勺）架在锅上，过滤。这一步的目的在于滤掉香草豆荚和蛋黄系带，使成品质地均匀柔滑。

7 开中火，一边加热一边用打蛋器充分搅拌。一旦变稠很容易煳锅，搅拌时需注意锅底的每一个角落，而且手不能停。可以在中途关火，将锅从灶具上取下后再充分搅拌。

8 即便液体变得黏稠上劲，手也不能停，再保持沸腾状态2~3分钟。等到顺滑度提高后方可关火。

9 加入无盐黄油，用耐热铲或刮刀迅速将其融化拌匀。

10 将制作好的卡仕达奶油转移至盆或方盘里，表面覆上一层保鲜膜，底部用冰水急速冷却，等凉透后放入冰箱冷藏。

鸡蛋奶油**1**
卡仕达奶油 + 食材改造！

马斯卡彭奶酪 & 卡仕达奶油

借助蜂蜜而多了一分甜美的马斯卡彭奶酪，在加入卡仕达奶油后又平添一分浓郁的奶香，更适合与面包搭配。与纯卡仕达奶油相比，其味道更清淡，同样适合和水果搭配。无须费力打泡，仅需搅拌混合便能制成也是其一大魅力。

取70克马斯卡彭奶酪与7克蜂蜜混合，然后与100克卡仕达奶油（参考第28~29页）混合均匀。

生奶油 & 卡仕达奶油

将增添甜味并搅打至发泡的生奶油（法语中称其为Crème Chantilly，尚蒂伊鲜奶油）与卡仕达奶油混合，就成了法式点心必备的奶油。法语称其为Crème diplomate，意即"外交官奶油"。其味清爽怡人，令人忍不住想拿来配面包。

取70毫升生奶油加入7克细砂糖打至发泡，放置8分钟后与100克卡仕达奶油（参考第28~29页）混合均匀。

鸡蛋奶油2
萨巴雍酱

萨巴雍酱，这是一种含酒精的成人甜点，是将蛋黄隔水加热并打至发泡，质地轻盈蓬松，既可以直接作为甜品食用，也可以用作甜味焗菜的酱汁。下面介绍的制作方法使用的是普通的白葡萄酒，但在意大利，用马尔萨拉白葡萄酒制作才叫正宗。根据个人口味，将白葡萄酒换成香槟，或是在白葡萄酒中加入君度橙酒或朗姆酒，也别有一番风味。本书会结合添加大量鸡蛋的意大利经典点心潘多洛进行讲解（参考第174~175页）。萨巴雍酱也可搭配法式面包片。

材料（方便制作的量）
蛋黄……3个
白葡萄酒……60毫升
细砂糖……50克

1 去掉蛋黄系带，倒入盆中，加入细砂糖后迅速用打蛋器搅打至发白，让细砂糖与蛋黄充分融合。为了稍后隔水加热时混合液能被缓慢加热，这里用的是耐热玻璃盆。

2 将白葡萄酒加入步骤1中的混合液。

3 取锅烧开水，注意水位不要太高，防止加热时容器直接接触沸腾的水，致使温度过快上升。

4 隔水加热盆中混合液，同时用打蛋器不断搅打以避免混合液底部凝固粘在盆上。

5 等混合液整体为蓬松绵软的质地时，将耐热玻璃盆取下。

＊ 鉴于萨巴雍酱是绵软蓬松的奶油酱汁，保形性较差，因此不适合涂抹在三明治上。此外它的保质期也非常短，做一次就要一次性用完。

＊ 和卡仕达奶油一样，萨巴雍酱也可以与尚蒂伊鲜奶油或马斯卡彭奶酪混合搭配。

鸡蛋的基础知识

鸡蛋是我们每日餐桌上的一种必不可少且司空见惯的食材。然而谈及对鸡蛋的了解程度，我们却往往是一知半解。在讲解鸡蛋与面包的组合搭配之前，让我们先来了解一些关于鸡蛋的基础知识。

鸡蛋的构造

鸡蛋硬实的蛋壳内侧有一层薄薄的蛋壳膜，蛋清与蛋黄被包裹其中。

蛋壳表面分布着大量用于呼吸透气的微小气孔。如果鸡蛋挨着气味浓烈的东西，气味分子容易通过气孔被鸡蛋吸收，因此在保存时要注意串味。但如果反其道而行之，利用鸡蛋的这一特性，将松露与鸡蛋一同保存，鸡蛋便会吸收松露的芳香成为松露蛋。同理，将带壳水煮蛋浸泡在盐水中，也能制成带咸味的盐渍水煮蛋。

蛋清分为黏稠的浓蛋白与稀蛋白，以及蛋黄系带三部分。

新鲜鸡蛋的蛋清含量丰富，形态厚实，但鸡蛋的存放时间越长，稀蛋白的占比越高，打出来的鸡蛋形态会越发松散。制作水波蛋时，鸡蛋的浓蛋白含量越高越容易成形，因此建议制作时尽可能使用新鲜鸡蛋。蛋黄也是同理，越是新鲜，形态越是饱满。

蛋黄系带是连在蛋黄上的白色带状物，起到将蛋黄固定在鸡蛋中心位置的作用，其主要成分是蛋白质，据称还富含唾液酸等抗癌物质。除制作高汤煎蛋卷、卡仕达奶油等口感细腻的料理外，建议将蛋黄系带与鸡蛋一同食用。

鸡蛋的营养

母鸡生蛋，原本的目的在于孵化小鸡。鸡蛋中富含新生命诞生所必需的一切营养元素，因营养价值之高，被称为"完美食品"。

鸡蛋富含蛋白质、脂肪、维生素、矿物质，其蛋白质中又富含大量必需氨基酸。必需氨基酸无法在人体内合成，必须通过食物摄取方能获得。钙、铁、镁、锌、磷等微量元素，也以平衡的配比被包覆在蛋壳里，食用一枚鸡蛋就能摄取丰富的营养物质。价格低廉不说，还能与各色菜品搭配，鸡蛋理应成为人们每日积极食用的食材。

鸡蛋的保存

尽管在超市的鸡蛋多以常温状态售卖，但在家庭中建议切实做好温控管理，将鸡蛋冷藏保存。日本的鸡蛋制品上标记的保质期是鸡蛋可用于直接生食的期限，即便过了这一期限，做熟后依然可以食用。

日本（及国内盒装）的鸡蛋在出货前已进行清洗，基本以干净的状态出货，家里使用前没必要再清洗一遍。

日本（及国内部分盒装）的鸡蛋在运输销售过程中，让鸡蛋较尖的一头向下放于包装盒中，这是因为鸡蛋的尖头硬度相对更高，能有效避免运输途中磕碰破裂。在家庭中保存时不妨也以这一方式收纳放置。

【鸡蛋的剖面图】

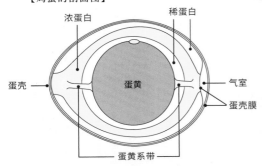

浓蛋白　　稀蛋白　　蛋壳　　蛋黄　　气室　　蛋壳膜　　蛋黄系带

鸡蛋的烹饪

在进行烹饪之前，下面列举的鸡蛋的3大特性还望大家知晓：

凝固性

鸡蛋受热会凝固，水煮蛋和煎蛋等基本料理都是利用了这一特性。

起泡性

搅打会让鸡蛋发泡，尤其是蛋清，能打出蓬松绵密的泡沫，因此常用于制作蛋白酥或是各类点心。

乳化性

将通常无法混合的两种液体（例如油和水）进行微粒化处理，使其均匀地分布于另一种液体中，称作"乳化"。蛋黄的蛋白质中含有的卵磷脂有两种性质（亲水性与亲油性），能有效中和水、油，蛋黄酱和荷兰酱就是利用了这一特性。

所有鸡蛋料理都是基于3种特性中的1种或以上特性的搭配。

此外，在对鸡蛋进行加热时要注意蛋黄与蛋清的凝固温度不同。蛋清的凝固点在80摄氏度左右，而蛋黄只要保持在65~70摄氏度就会凝固。在制作水煮蛋、水波蛋、煎蛋时，如果想要吃到蛋黄黏稠的半熟蛋，就一定要注意烹饪时的温度。

有关鸡蛋的Q&A（问答）

**鸡蛋是不是
一天只能吃一个？**

鸡蛋富含胆固醇，以前的营养建议的确推荐一天摄入一个。尽管胆固醇一度被视作对人体有害的物质，但其本身也是人体不可或缺的营养物质，是构成细胞膜、生成性激素的基础物质。此外，鸡蛋还含有去除胆固醇的外源凝集素。目前认为，一天的摄入量只要不超过3个，基本不会影响血液中的胆固醇水平，可以放心大胆地吃。不过鸡蛋不含维生素C和膳食纤维，搭配蔬菜制成三明治食用可有效达到营养均衡。

**蛋黄是不是
颜色越深越有营养？**

蛋黄的颜色受鸡食用的饲料影响，与营养成分和新鲜程度没有关系。举个例子，吃玉米含量较高的饲料的鸡产下的鸡蛋，蛋黄呈柠檬色，吃辣椒或甲壳类生物饲料的鸡产下的鸡蛋，蛋黄则呈橙红色。另外，蛋壳红白差异单纯是因为产蛋的鸡不同，鸡蛋内的营养成分不受影响。

与鸡蛋有关的工具

鸡蛋三明治或其他与面包搭配的鸡蛋料理，如果做得既美味又美观，有时候就会用到一些专门的厨具，本书将介绍一部分制作时用到的工具，以及一些让普通工具变得格外好用的小技巧。大家不妨结合要做的料理尝试一下。

鸡蛋打孔器

方便水煮蛋剥壳的器具，可以在100日元商店等处买到。将鸡蛋较圆润的一端置于打孔器的凹坑内，轻压后会听到一声闷响，就说明已经在鸡蛋上打了一个小孔。通过在鸡蛋的气室上打孔，空气可以进入蛋壳与蛋壳膜之间，之后就能轻松地将蛋壳膜与蛋白剥离。将蛋壳敲打出裂纹，或是用图钉扎孔也能有同样的效果。

奶锅

煮少量鸡蛋时，用小号的单柄锅比较方便操作。本书所使用的是一次性可以煮6个鸡蛋、容量正好1.3升的奶锅。锅的容量越大，煮蛋时的用水量也就越大，无论沸腾时间还是烹煮时间都会相应延长。倒掉热水用冷水冷却的这一步如果用小锅，操作也会更加方便。如果需要一次性煮大量鸡蛋，锅具的尺寸也要随之调整。

鸡蛋状态显示器

制作水煮蛋时，和鸡蛋一同入锅，温度变化会导致显示器红色部分的颜色发生变化，以此提示鸡蛋的烹煮程度。这个小工具的魅力在于无须计时也能一眼看出鸡蛋的烹煮状态，有它就能有效减少制作水煮蛋的失败次数。在制作半熟蛋时，有时需要赶在到达显示器刻度前把鸡蛋捞出来以调整状态。

可替换筛子的筛网

在本书中，制作鸡蛋沙拉所使用的分别是4目①（网眼直径6.35毫米）和12目（网眼直径2.0毫米）的筛网（参考第4页、40~41页）。这种筛网通常嵌在筛子的边框里使用，在加工水煮蛋时将其放于盆口，只要轻轻一压就能将剥好的鸡蛋完全碾碎。

① 目为细度单位，指每英寸筛网上的孔眼数目，目数越高，孔眼越多。——编者注

鸡蛋切片器

制作鸡蛋三明治时必备的器具，能不费吹灰之力地将煮鸡蛋切成厚度均匀的片状（这里是6毫米厚度的切片器）。通常，将水煮蛋横放在上面切成片，改变方向或者角度后也能将水煮蛋切成细小的粒（参考第4页）。钢丝接触鸡蛋的部分容易沾染污渍，需要时常清洗以保持清洁。

钢丝式奶酪切片刀

如果用菜刀切水煮蛋，蛋黄容易粘在刀身，一不当心就会碎掉。粗略切割鸡蛋时，如果有钢丝式奶酪切片刀就很方便。不锈钢的钢丝不容易黏附蛋黄，切口也十分锐利。即使是半熟蛋也切得非常好看。没有的话也可以用家中的缝纫线代替，不过从卫生角度来看，还是推荐不锈钢丝。

鸡蛋切瓣器（6等分）

如果在烹饪中时常有将水煮蛋切成特定形状的需求，建议根据使用目的在家中备好各式各样的专用切割器。这种3根线交叉而成的切割器，能将竖起的水煮蛋干净利落地切成等分的6瓣。当然，用钢丝式奶酪切片刀一样可以将水煮蛋切开，不过用这个可以一下搞定，绝不会失败。此外还有只有一根线，能将鸡蛋对半切开的型号。

蛋清分离器

分离蛋清与蛋黄时的必备好物。将鸡蛋打到凹槽里，蛋清会沿孔洞向下流出，将蛋黄留在容器里。图中这款的一端还能挂在盆的边缘，方便腾出双手，快速、连续分离多个鸡蛋。

煎蛋方锅（铜制，关西型，长204毫米、宽108毫米、深95毫米）

不只是煎蛋卷和高汤煎蛋卷，本书中制作欧姆蛋时也可以用这种煎蛋锅。使用尺寸最小的型号做出来的蛋品更方便用来搭配面包。铜制的煎蛋锅导热性能较好，导热时间短，适合烹制需要快速成型的鸡蛋料理。只要保养得当，一口锅可以用很久。

煮蛋器

制作水波蛋时用到的器具。使用时将其放于锅内沸水中，将鸡蛋打入上部杯状的结构里，蛋清就会以规则的形状凝固。下部开出孔眼的设计是为了让水通过，这样即便在烹煮时不人为让鸡蛋旋转也能保证其均匀受热。用它制作少量水波蛋很方便。

煮蛋器（4个组）

在欧美国家沿用多年的烹饪工具。开锅后将其放于沸水中，将鸡蛋打入蛋形的凹坑内即可。一次性制作多个水波蛋时很方便。近年来还衍生了以氟化乙烯树脂加工制成，或是以硅胶制成，和锅成套出售而且使用更为方便的型号。

破蛋锤

能精确、整齐地打碎蛋壳的器具。将鸡蛋尖头一侧向上置于立蛋器上，将破蛋锤的"帽子"扣在鸡蛋尖头上并轻轻按住，拉开"锤子"，通过将连接柄的弹性势能转化为动能把上半部的蛋壳打出裂纹。适用于半生煮鸡蛋（参考第88页）以及将蛋壳作为容器的料理。

煎蛋环

除了用来制作松饼和汉堡包，此器具也能拿来煎蛋。将其放于平底锅中，将鸡蛋打入圆环内部煎熟即可。使用前预先在圆环内侧涂抹油脂，煎熟的鸡蛋会更容易分离。没有的话也可以用圆形压模环代替，不过这种带提手的煎蛋环在面对高温时更容易操作。

蛋清过滤器

这是一种网眼较细的不锈钢笊篱，在制作高汤煎蛋卷和卡仕达奶油时用来过滤蛋清。将边缘和把手挂在盆边使用也很方便。尽管尺寸较小，但用来过滤汤汁绰绰有余。没有的话可以用细眼的筛子或者漏勺代替。

刮馅棒&涂抹刀

在制作三明治时用其将黄油或鸡蛋沙拉涂抹至面包上。用刮馅棒（左）将馅料作为填充物刮到面团上，使用起来比普通的勺子更好用，形状简约且卫生。只要是涉及刮抹的操作，使用刮馅棒都很方便，制作三明治时用它能快速高效地涂满整片面包。带一截握把的涂抹刀（右）更适合在小尺寸食材的表面进行操作。

三明治基础知识：蔬菜的处理方式

蔬菜处理得好坏，直接影响三明治成品的美观与口感。这里分别举一例，向大家介绍制作三明治时最常用到的三种蔬菜——生菜、番茄、黄瓜的处理方式。制作B.E.L.T.三明治（参考第142页）以及鸡蛋沙拉黄瓜全麦三明治（参考第46页）之前，务必掌握个中诀窍。这对今后制作各种三明治都会有所帮助。

处理生菜

绿叶菜处理的关键在于保证新鲜口感的同时去除多余的水分。除生菜以外，叶生菜、紫叶生菜等绿叶菜也可以以同样的方式进行处理。夹起大量生菜的关键在于使用较大的叶片，且避免撕裂其叶片组织。将菜叶折叠卷起后夹在面包里，不但形状不会塌，看起来也很有分量感。

1 用小刀将菜根切掉，一片一片小心地将菜叶剥离。

3 取出生菜后用厨房纸进一步吸掉多余水分。

5 对半切开，保持形状的生菜呈现整齐的断面。

2 生菜用冷水浸泡，使其蛮脆，然后放入蔬菜甩干机中甩掉多余水分。

4 将叶子折叠成符合面包尺寸的大小，用手心从上而下整理形状。

※ 蔬菜甩干机
去除蔬菜表面多余水分的必备工具。通过离心力原理甩掉水分，令蔬菜具备爽脆的口感。

处理番茄

番茄水分较多，是一种夹在面包中间之前需要注意控制水分的食材。细致的准备工作和堆叠顺序（不直接接触面包）是处理番茄的关键。预先在番茄片上撒一把食盐，不但能逼出多余的水分，还能紧紧地锁住鲜味。

1 用小刀去掉番茄的蒂，将表面清洗干净。用厨房纸吸干表面残留的水分，切成喜欢的厚度。

2 盘中垫厨房纸，将番茄片码在上面，撒上少量的食盐。

3 在夹进面包前，再用厨房纸轻轻按压番茄，吸掉多余水分。

黄瓜的
处理与码放

切割方式与码放方式的差异，会让黄瓜在三明治中呈现截然不同的口感。使用刨片器可以把黄瓜刨成整齐好看的薄片。另外，用食盐、白胡椒和醋腌渍过后，黄瓜的味道还会变得更加讲究。根据搭配食材直接使用还是腌渍后再用，悉听尊便。

1 黄瓜洗净后切除两端，对半切开。用刨片器刨成2毫米左右的薄片。可以酌情跳过步骤2的腌渍直接开始步骤3。

3 在砧板上铺上厨房纸，将黄瓜片竖起来码成和面包片差不多的宽度。然后盖上厨房纸轻轻按压，吸掉多余的水分。

5 黄瓜的深绿与浅绿在三明治的剖面形成了鲜明对比。

2 将黄瓜片装盘，撒上食盐和白胡椒，再洒少许白葡萄酒醋静置10分钟左右。中间翻一次面，让整体更入味。

4 将码好的黄瓜片转移到面包片上。将面包切开时，刀线要垂直于黄瓜片的中线。

※ 刨片器
可以调整切片厚度的刨片器，是制作黄瓜三明治时的必备工具。有它就能高效地切出厚度一致的薄片。

关于两片面包间
的叠放顺序

这里请参考B.E.L.T.三明治来思考食材在两片面包间的叠放顺序。首先需要大家注意的一点是，水分含量高的食材不能直接接触面包。此外，蔬菜与蔬菜直接堆放一起容易打滑，需要加入酱汁作为黏合剂。这么做的另一个好处在于酱汁可以激发蔬菜的滋味。基于这一原则，自下而上以面包（涂抹黄油）、生菜、酱汁、番茄、培根、面包（涂抹黄油）的顺序进行码放为宜。

将水分较多的番茄放于最内侧，用酱汁作为番茄与生菜之间的黏合剂。

02

用面包

夹起鸡蛋

水煮蛋 ✕ 切片面包

用粗眼筛网做

基础鸡蛋沙拉三明治

粗眼筛网

用网眼较粗的筛网制作的鸡蛋沙拉三明治，在保留水煮蛋的存在感的同时方便入口，是一切鸡蛋沙拉的基础。这里使用的是4目筛网，网眼直径约6.35毫米，是网眼尺寸最大的型号。一般的鸡蛋切片器切出的蛋片厚度在6毫米左右，从3个方向切3下也能得到同样的水煮蛋颗粒。

细腻鸡蛋沙拉三明治

细眼筛网

用网眼较细的筛网制作的鸡蛋沙拉三明治，口感更为绵密柔滑。这里使用的是12目筛网。网眼越小，鸡蛋沙拉呈现的口感越细腻。如果改用网眼更加细密的筛网，压出来的蛋白甚至会有厚奶油般的口感。如果用菜刀将鸡蛋切末的话，务必记得将蛋白和蛋黄分离后再切。

水煮蛋 ✕ 切片面包

基础鸡蛋沙拉的组合方法

即便是简单的鸡蛋沙拉三明治，鸡蛋沙拉的涂抹方式与切片面包厚度之间的平衡也会大幅影响三明治最终呈现的口感。建议制作基础鸡蛋沙拉三明治时选用厚度适中的面包，使鸡蛋沙拉呈现厚实但蓬松的感觉。

材料（1份用量）
切片面包（8片装）⋯⋯2片
基础鸡蛋沙拉⋯⋯80克
（参考第2~5页/使用4目筛网制作）

基础鸡蛋三明治的制作方法
用粗网眼的筛网将2个水煮蛋碾碎，加入食盐、白胡椒调味后，加入16克蛋黄酱搅拌均匀。

1. 取1大勺基础鸡蛋沙拉码在切片面包的正中间，垒成小山丘的形状。

2. 将鸡蛋沙拉在面包上抹开。操作时将面包置于手心，手掌微微收拢成窝状，用刮馅棒将鸡蛋沙拉从中心轻轻刮向面包四角，这样就能使鸡蛋沙拉抹开的同时不至于失去丰盈感。此外，注意切勿将鸡蛋沙拉刮到边缘，距离面包边也要空出10毫米左右。像这样操作，稍后在切面包边时不至于连鸡蛋沙拉一同切掉，造成不必要的浪费，同时又保证了中间的厚度，让三明治有厚实之感。

3. 盖上另一片面包，切掉面包边后切成三等份。鸡蛋沙拉三明治美味的关键在于左右对称的丰盈感，不适合切得太小。

细腻鸡蛋沙拉的组合方法

鸡蛋颗粒较小的细腻鸡蛋沙拉适合与较薄的切片面包搭配。涂抹至面包边的鸡蛋沙拉需厚度均匀，面包与夹心在剖面呈现整齐的平行线，每一口都是均衡且高级的美妙滋味。

材料（1组分）

切片面包（10片装）……2片

细腻鸡蛋沙拉……60克

（参考第2~5页/使用12目筛网制作）

1. 取1大勺细腻鸡蛋沙拉放于面包正中央。

2. 将鸡蛋沙拉抹开，均匀涂满面包。涂抹时将面包置于砧板上，细致地将鸡蛋沙拉抹至面包四周，使厚度均匀。

3. 盖上另一片面包，切掉面包边后切成3等份。从中心到面包边，鸡蛋沙拉都呈现均衡的厚度。因此，即便切得再小一些，也能保持均衡的口味。

水煮蛋 ╳ 切片面包

用菜刀切出来的

大块鸡蛋三明治

菜刀

用鸡蛋切片器做

切片鸡蛋三明治

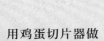

鸡蛋切片器

大块鸡蛋沙拉的组合方法

着重强调水煮蛋存在感的大块鸡蛋沙拉和基础鸡蛋沙拉一样，适合在三明治中央制造厚度。夹在较厚的切片面包里，能品尝到鸡蛋与面包厚实、均衡的风味。

材料(1份用量)

切片面包（6片装）……2片
大块鸡蛋沙拉……120克
（参考第2~5页）

大块鸡蛋沙拉的做法

取全熟水煮蛋2个，用菜刀切成滚刀块，加入食盐、白胡椒调味后与25克蛋黄酱混合均匀。

1. 将鸡蛋沙拉码在切片面包的正中间，操作时将切片面包放于手心，手掌微微收拢成窝状，用刮馅棒将鸡蛋沙拉从中心轻轻刮向面包四角。这里鸡蛋的颗粒较大，不太容易抹开。用刮馅棒轻压轻抹，尽量填满鸡蛋沙拉与面包之间的缝隙，但注意别因为用力过猛把面包压变形。

2. 和基础鸡蛋沙拉一样，大块鸡蛋沙拉同样需要距离面包边留出10毫米左右的地方。鸡蛋粒大小不一，因此切去面包边时不可能不粘一点鸡蛋沙拉。三明治中央的高度营造出厚实感。

3. 盖上另一片面包，切去面包边后切成2等份。鸡蛋满满的厚实感，口感狂野，充分保留了食材自身的特性。

切片鸡蛋的组合方法

用鸡蛋切片器切出来的鸡蛋片无须做成沙拉，直接码在面包上做成三明治即可。美味的要点在于用薄的切片面包，再涂抹丰厚的蛋黄酱。食材在口中融合而成的纯粹滋味，简直是魅力无穷。

材料(1份用量)

切片面包（12片装）……2片
全熟水煮蛋（参考第2~3页）……1个
蛋黄酱……12克
食盐……少许
白胡椒……少许

1. 用切片器将鸡蛋切成片。将两片切片面包的夹心一面分别涂抹上一半分量的蛋黄酱，将鸡蛋切片码放在其中一片面包上。

2. 蛋黄横截面积最大的切片放置在面包中央，其余切片沿对角线放置。只有蛋白的切片用来填充切片之间的空隙。然后在切片上撒少许食盐和白胡椒。

3. 盖上另一片面包。切掉面包边后，沿对角线将三明治切成4等份。薄切片面包与鸡蛋切片的简单搭配组合，使得鸡蛋和面包各自彰显个性。

鸡蛋沙拉黄瓜全麦三明治

如果要在基础鸡蛋沙拉的基础上加一种蔬菜，必须首推黄瓜。因为黄瓜有那种清脆多汁的口感，咽下后口中依然回味着清爽的感觉。

在鸡蛋沙拉与黄瓜的组合中，不同形状的黄瓜与不同食材的组合，或是不同的面包种类与不同的切片厚度，都可以构筑出各种各样的平衡。

黄瓜用白葡萄酒醋加食盐和白胡椒稍加腌渍，融入淡淡的酸味，会令味道更高级。

配上风味质朴而又芳香四溢的全麦面包，如此简单纯粹，却令人印象深刻。

材料（1份用量）

全麦切片面包（12片装）……2片

无盐黄油……6克

基础鸡蛋沙拉（参考第42页）……50克

黄瓜（2毫米厚的切片）……40克

白葡萄酒醋……少许

食盐……少许

白胡椒……少许

做法

1. 将黄瓜装入平盘中，撒上食盐和白胡椒，再淋上白葡萄酒醋，腌制10分钟左右。中途给黄瓜翻个儿，以便浸透。

2. 两片全麦切片面包各涂上一半量的无盐黄油。

3. 用厨房纸吸掉腌黄瓜片的多余水分后，将黄瓜摆到其中一片面包上。

4. 另一片面包抹上基础鸡蛋沙拉，与步骤3的成品合在一起。

5. 切掉面包边，然后切成三等份。

健康经典款！

鸡蛋沙拉黄瓜黑麦三明治

看上去与前一页的三明治几乎毫无二致。虽然选用的食材基本相同，但这款用的是加入了小茴香的黑麦面包。黑麦面包特有的香味能够令小茴香清新的酸味更为明显，因此鸡蛋沙拉中也加入了酸奶油。黄瓜无须腌制，直接使用。黑麦面包的一面涂了奶油奶酪，使浓郁的奶香与酸味相辅相成。无论是鸡蛋沙拉还是黄瓜或者面包自身，每一种食材的特性都因为第三片面包的加入很好地发挥出来。第一口感受到的各种食材的特性，又在第二口的咀嚼中逐渐调和，请细心品味这一风味变化。

材料（1份用量）

黑麦切片面包（12片装）……3片
酸奶油鸡蛋沙拉（参考第6页）……50克
黄瓜（2毫米厚的切片）……50克
无盐黄油……9克
奶油奶酪……8克
食盐……少许
白胡椒……少许

做法

1. 将两片黑麦切片面包上各涂3克无盐黄油。
2. 在两片面包之间夹入酸奶油鸡蛋沙拉。
3. 在步骤2成品的其中一面上涂抹剩余的无盐黄油，摆上黄瓜片。黄瓜片上撒少许食盐和白胡椒。
4. 再拿一片黑麦面包涂抹上奶油奶酪，与步骤3成品拼合。
5. 切掉面包边，然后切成三等份。

酸味很棒！

碎黄瓜鸡蛋沙拉三明治

灵感来源于在巴黎老派面包房里见到的加了黄瓜的鸡蛋三明治，用切碎的黄瓜代替黄瓜丁重新搭配组合。
涂在面包上的奶油奶酪有效地阻止黄瓜中的水分渗入，保留了浓郁的口感。如果做完后立即享用，黄瓜无须做过多处理，直接享受其水润的口感即可。要是比较介意黄瓜的水分影响口感，可以在剔除黄瓜籽后抹上食盐，逼出多余水分后再混合调制。

材料（1份用量）

切片面包（5片装）……2片
奶油奶酪……10克
酸奶油鸡蛋沙拉（参考第6页）……70克
黄瓜……30克
食盐……少许
白胡椒……少许

做法

1. 将黄瓜拍一下滚刀切碎，与食盐混合。如果要去掉黄瓜籽，这一步将黄瓜对半切开，用小勺去籽后再切碎。
2. 将酸奶油鸡蛋沙拉与碎黄瓜混合，加食盐与白胡椒调味。
3. 给两片面包分别涂上一半用量的奶油奶酪，夹起步骤2的成品。
4. 切除面包边后对半切开。

黄瓜脆脆的

鸡蛋鸡肉蔬菜条三明治

鸡蛋沙拉加鸡胸肉，再加上蔬菜条，搭配如此大胆的三明治带来了蔬菜的爽脆口感，和风酱汁的调味又透着一股新风，意外的平衡之感给人带来无限惊喜。切开后馅料丰富的横截面亦是魅力十足。冷藏过后蔬菜的口感会进一步得到提升，特别适合在炎热的夏季食用。

制作要点是，在芝麻沙拉汁中放入大量的碎芝麻，保留多汁口感的同时又不至于让汁水淌得到处都是。沙拉汁加粉末状食材的组合作为酱汁可以搭配各种三明治，能够催生五花八门的变化。

材料（1份用量）

切片面包（6片装）……2片

无盐黄油……6克

基础鸡蛋沙拉（参考第42页）……60克

熟鸡肉※……40克

蔬菜条（黄瓜、胡萝卜、萝卜切成横截面12毫米见方、8厘米长的条）……各2根

芝麻酱汁（将市面上卖的芝麻沙拉汁与碎芝麻以10:3的比例混合）……15克

叶生菜……7克

食盐……少许

白胡椒……少许

白芝麻碎……少许

做法

1. 将熟鸡肉顺着肌肉纤维撕成细条，撒上适量食盐与白胡椒，与基础鸡蛋沙拉混合。

2. 给两片面包分别涂上一半用量的无盐黄油，取一片面包放上叶生菜。然后将步骤1的成品摆放在叶生菜上，中央位置淋上芝麻酱汁。

3. 摆上蔬菜条，盖上另一片面包。

4. 切去面包边，对半切开。装盘时可以再撒些白芝麻碎作为点缀。

※ 熟鸡肉（方便制作的量）

取一块鸡胸肉，从中间对半剖开，片成两个薄片。放入耐热器皿中，两面撒上食盐与白胡椒，浇上少许料酒。取生姜切一枚薄片，和葱的青叶部分一同码在鸡胸肉上，封上保鲜膜，放入微波炉以500瓦的功率加热3分30秒。取出后不要马上揭开保鲜膜，用余温再加热一会儿。

蔬菜超爽口

鸡蛋玉米沙拉三明治

不知该如何改变基础食谱时，不妨思考该给食材或者调味料做加法或是做减法。鸡蛋沙拉的话，无论是和其他食材分开使用，还是将其他食材混入其中，即便是混入同一种食材，都会带来迥异的味道。另外，颜色搭配也很重要，是选用同色系食材融为一体，还是用互补色系制造反差，给人的印象亦截然不同。

这里我们使用同一色系的玉米粒来搭配鸡蛋沙拉。正因玉米粒的颜色与蛋黄接近，以至于难以区分，所以食用时玉米粒迸发的甘甜会给人带来强烈的味觉冲击。

材料（1份用量）

切片面包（8片装）……2片
无盐黄油……6克
蜂蜜……4克
玉米粒（罐装，除去水分）……35克
黑胡椒……少许

做法

1. 给每片面包的其中一面分别涂上一半用量的无盐黄油，其中一片面包再涂上蜂蜜。
2. 将玉米粒掺入基础鸡蛋沙拉中，加入粗磨的黑胡椒粒混合均匀，用步骤1的面包夹起来。
3. 切去面包边后沿对角线切成四等份。装盘时再撒一点粗磨的黑胡椒粒作为点缀。

＊ 在面包上涂抹蜂蜜是为了激发玉米粒的甜味。另外，粗磨的黑胡椒粒起点缀作用，可以让三明治的味道不至于太甜，平添一丝成熟风味。这里用的是罐装的甜玉米粒，夏季时不妨拿刚蒸好的玉米剥粒来做。

迸发的甘甜

酱蛋三明治

乍看之下是普通的鸡蛋三明治，咬一口却会大吃一惊！馅料中的高汤呈现的是温润的日式风味。用蓬松绵软、较为厚实的切片面包来搭配吧。厚面包更适合承载高汤和酱油的浓郁风味。再抹一些芥末作为点缀，能让风味更显统一。

在菜品开发现场，人们往往为"崭新的搭配组合"犯愁。如果让思绪回归到日常生活中的餐桌，有时就会醍醐灌顶般获得制作新品的灵感。

材料（1份用量）

切片面包（5片装）……2片

无盐黄油……6克

酱蛋沙拉（参考第7页）……100克

芥末……1克

做法

1. 给两片面包的其中一面分别涂上一半用量的黄油，其中一片再涂上芥末。

2. 用两片面包夹起酱蛋沙拉。

3. 切去面包边后切成3等份。

＊ 香菜和鸡蛋沙拉的搭配也很相宜。可以将香菜切碎作为点缀或者混入鸡蛋沙拉中，然后再使用。

高汤飘香的日式风味

香草鸡蛋嫩芽沙拉三明治

不同的食用场景，对三明治的食材搭配平衡提出了不同的要求。只要1份就有十足的分量感，并且能充分提供热量的三明治，与下午茶时间用作简餐的三明治，自然在面包厚度、馅料分量、调味的方向等方面存在差异。

薄面包与细腻食材的搭配范本，当推英国的茶点三明治。香草与添加酸奶油蛋黄酱制成的鸡蛋沙拉搭配，借助细小的水煮蛋颗粒呈现出极为细腻的口感。用薄面包包裹适量的馅料，细腻中又透露着一丝精致。

材料（1份用量）

切片面包（12片装）……2片
奶油奶酪……14克
香草鸡蛋沙拉※……60克
西蓝花芽……10克
食盐……少许
白胡椒……少许

※ 香草鸡蛋沙拉 [细腻鸡蛋沙拉（参考第43页）的调整版]
全熟水煮蛋（参考第2~5页）2个，用细眼筛网（12目）碾碎，加入食盐、白胡椒调味后，再加入20克酸奶油蛋黄酱（参考第27页）搅拌均匀。

做法

1. 取其中一片面包涂抹奶油奶酪，撒上少许食盐和白胡椒。

2. 在另一片面包上涂抹香草鸡蛋沙拉，摆上西蓝花芽。

3. 将两片面包合到一起，切去面包边后沿对角线切成4等份。

优雅的酸味
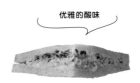

香草鸡蛋火腿混合三明治

洋溢着香草芬芳的鸡蛋沙拉和清爽的酸味，达到了平衡，与全麦面包纯粹的清香相得益彰。搭配品质上乘的火腿和叶用莴苣，食欲不禁被自然的色彩搭配勾起。叶用莴苣的鲜艳色泽与阵阵清甜，让它在这道三明治中堪称最佳配角。团生菜、叶生菜、紫叶生菜、叶用莴苣等叶菜色泽鲜亮，在了解其各自风味、香气、口感的基础上思考不同的搭配，又能让三明治的平衡性再上一个台阶。

材料（1份用量）

全麦切片面包（12片装）……3片

无盐黄油……9克

奶油奶酪……8克

蛋黄酱……2克

香草鸡蛋沙拉（参考第52页）……60克

火腿片……20克

叶用莴苣（生菜）……5克

做法

1. 取一片全麦面包涂上奶油奶酪，然后抹上一层香草鸡蛋沙拉。再取一片全麦面包，抹上3克无盐黄油后，黄油面向下盖在香草鸡蛋沙拉上。

2. 涂上3克无盐黄油，放上火腿片，淋上一层薄薄的蛋黄酱，放上叶用莴苣。最后一片面包涂上3克无盐黄油后放在叶用莴苣上。

3. 去掉面包边后切成3等份。

清爽的香气

切片鸡蛋火腿生菜混合三明治

从名称来看，用水煮蛋、火腿、团生菜制成的三明治，可谓是经典搭配了。但只要改变鸡蛋的用法、面包的厚度与种类，最终呈现的感觉就会有大幅变化。

切片水煮蛋、火腿片、团生菜的搭配组合，只通过照片或食谱，我们感受不到它想要强调什么，这几种食材自身的风味也十分温和。不过用上3片切片面包，再辅以酸奶油和弥漫着香草香气的酱汁，就能呈现一种无法单独从3种食材中获得的奇妙滋味。

材料（1份用量）

切片面包（12片装）……3片

无盐黄油……6克

全熟水煮蛋（参考第2~3页）……1个

酸奶油蛋黄酱（参考第27页）……13克

团生菜……24克

火腿……2片（25克）

食盐……少许

白胡椒……少许

做法

1. 取两片切片面包，分别涂上5克酸奶油蛋黄酱。

2. 用鸡蛋切片器将水煮蛋切成片，码放在两片面包之间（参考第45页），在鸡蛋切片上撒少许食盐和白胡椒。

3. 在成品上涂上3克无盐黄油，放上火腿片。将剩下的酸奶油蛋黄酱在火腿片上挤成薄薄的一层，再放上折叠至比面包片尺寸更小的团生菜。第三片面包涂上剩下的无盐黄油，黄油面向下盖在团生菜上。

4. 切去面包边，沿对角线切成4等份。

经典搭配的平衡！

对切鸡蛋火腿生菜混合三明治

所用食材种类与前一页相同，但改变了面包的种类与厚度，以及鸡蛋的用量与用法，是不是有种改头换面的感觉呢？如果追求将面包与食材的特性发挥到极致的平衡，这一搭配方式称不上最佳。首先鸡蛋用量太多，更何况三明治的夹心越厚实，越难以下嘴。

可话说回来，刻意使用对切鸡蛋营造的这种厚实感，反而带来了巨大震撼。使用厚面包，用酱汁黏合食材，将对切鸡蛋与面包之间的空隙用鸡蛋沙拉填满，不用纸包着也能切，切完了还能挺立不倒。一口下去，十分筋道。是注重用料实在，还是方便入口？侧重点的变化会深刻影响三明治的搭配组合。希望大家在制作过程中不要一味考虑做加法，做减法也可纳入考量。

材料（1份用量）

全麦切片面包（8片装）……2片

无盐黄油……6克

全熟水煮蛋（参考第2~3页）……2.5个

基础鸡蛋沙拉（参考第42页）……50克

酸奶油蛋黄酱（参考第27页）……8克

团生菜……6克

火腿……2片

食盐……少许

白胡椒……少许

做法

1. 两片全麦面包分别涂上一半无盐黄油。

2. 用钢丝切片刀将全熟水煮蛋纵向对半切开（参考第4页），切面向上，撒上食盐和白胡椒。

3. 在一片面包上放上团生菜，薄薄地挤上2克酸奶油蛋黄酱，放上3个半块全熟水煮蛋（1.5个），再挤上2克酸奶油蛋黄酱，将剩下2个半块全熟水煮蛋放在上面。

4. 剩下一片全麦面包抹上基础鸡蛋沙拉，盖在步骤3的成品上。

5. 切去面包边，对半切成2等份。

厚度满分！

鸡蛋鲜虾西蓝花全麦三明治

鸡蛋、鲜虾与西蓝花，是熟食店的一种经典搭配组合。虾是一种广受欢迎的食材，时间一长却容易腐坏发臭，因此需要细致地进行预处理。西蓝花的风味则受烹煮程度和调味好坏左右，也需要细心烹饪。

无论是鲜虾还是西蓝花，用开水焯烫都不宜过度。西蓝花特别容易变得湿漉漉的，处理时需要考虑切割大小和口感均衡。针对鲜虾和西蓝花分别使用合适的酱汁也是一大要点。鸡蛋固然占据主导地位，若想要其他食材的存在感不被鸡蛋掩盖，那全靠配比组合的平衡。全麦面包的芳香也能被激发出来。正因为是稀松平常的搭配组合，更不能偷工减料。

材料（1份用量）

全麦切片面包（8片装）……2片
无盐黄油……6克
基础鸡蛋沙拉（参考第42页）……80克
西蓝花……30克
去壳鲜虾……40克
酸奶油蛋黄酱（参考第27页）……6克
奥罗拉酱（参考第27页）……6克
淀粉……少许
食盐……少许
白胡椒……少许

做法

1. 两片全麦面包各涂上一半无盐黄油。
2. 鲜虾去掉背部虾线，加少许盐和淀粉抓匀，放在流动的水下冲洗干净后用笊篱捞起，放入盐水中煮熟。鲜虾捞出后用厨房纸吸干水分，加少许食盐和白胡椒调味。
3. 将西蓝花分成小株，用盐水焯烫1~2分钟即可装入笊篱滤水，然后用厨房纸吸干多余水分。
4. 取一片面包抹上基础鸡蛋沙拉，在中央（切开位置）摆上处理好的西蓝花，随后在西蓝花上挤上一层薄薄的酸奶油蛋黄酱，把步骤2中的鲜虾放上去，然后在鲜虾上挤一层奥罗拉酱。
5. 另一片全麦面包的黄油面冲下盖上，切去面包边，沿中线切成2等份。

献给爱吃虾的人！

鸡蛋三文鱼牛油果黑麦三明治

烟熏三文鱼也是一种广受喜爱的三明治食材，但它和鲜虾一样，需要注意对鲜度和香味的把控。
这里用到的是黑麦切片面包（参考第116页），其特征是带有小茴香的香气，论存在感不输烟熏三文鱼。牛油果用柠檬汁、食盐、白胡椒进行调味，与酸奶油蛋黄酱混合后显得尤为清爽。
在鸡蛋沙拉、烟熏三文鱼与牛油果和鸡蛋与生菜之间的面包片，使各种食材的特征得以凸显，也勾勒出味道的轮廓。

材料（1份用量）

黑麦切片面包（12片装）……3片
无盐黄油……12克
基础鸡蛋沙拉（参考第42页）……50克
散叶生菜……8克
烟熏三文鱼……30克（3片）
牛油果……0.5个
酸奶油蛋黄酱（参考第27页）……6克
柠檬汁……少许
食盐……少许
白胡椒……少许

做法

1. 每片黑麦切片面包的其中一面都涂上3克无盐黄油。

2. 牛油果切片，撒上食盐和白胡椒，浇上柠檬汁。

3. 取步骤1中的一片面包，放上散叶生菜，挤上一半的酸奶油蛋黄酱。另取一片面包抹上基础鸡蛋沙拉，合到一起。

4. 在步骤3的成品上涂上最后3克无盐黄油，放烟熏三文鱼，挤酸奶油蛋黄酱。取厨房纸盖住步骤2的牛油果，轻轻按压吸掉多余水分后放在烟熏三文鱼上。

5. 盖上最后一片面包，切去面包边后切成3等份。

献给喜欢
牛油果的人！

煎蛋卷 ╳ 切片面包

蔗糖与蒸发掉酒精味的味啉联袂呈现甘甜滋味的煎蛋卷，是一道非常有人情味的日式家庭料理。切片面包"牵手"煎蛋卷的幕后功臣，正是涂在面包上的蛋黄酱。蛋黄酱本身就是鸡蛋制成的酱汁，和煎蛋卷生来是绝配。蛋黄酱恰到好处的酸味衬托了甘甜，将面包与煎蛋卷很好地调和到了一起。

材料（1份用量）

切片面包（6片装）……2片
蛋黄酱……10克
煎蛋卷（参考第8~9页）……1个

做法

面包切去面包边，在每片的其中一面各涂一半蛋黄酱。夹起煎蛋卷，切成3等份。

将蛋黄酱涂在面包上。蛋黄酱用量稍微多一些，口感会更加平衡。在激发煎蛋卷甜味的过程中，蛋黄酱的酸味起到的衬托作用令人印象深刻。

鉴于面包和煎蛋卷都比较厚，等码放好再切，怕是要费一番周折。建议先将面包边切掉再组合，这样切面包时就不容易变形。

高汤煎蛋卷 ╳ 切片面包

近年来，高汤煎蛋卷三明治的人气一路飙升，丝毫不逊于煎蛋卷三明治。高汤煎蛋卷含水分较多，制作难度也相对更大，故成品别有一番风味。涂在面包上的芥末蛋黄酱带来的辛辣口感着实刺激，却也恰到好处地烘托出高汤煎蛋卷的上乘风味，又不至于独领风骚。

材料（1份用量）

切片面包（6片装）……2片
芥末蛋黄酱（参考第26页）……10克
高汤煎蛋卷（参考第10~11页）……1个

做法

切掉面包边后，在两片面包的其中一面涂上芥末蛋黄酱，将高汤煎蛋卷夹在面包片中间，切成3等份。

高汤煎蛋卷与加了芥末的蛋黄酱非常搭。细腻的高汤风味得到了有效衬托，增强了日式风味的印象。

湿润的高汤煎蛋卷，非常适合搭配温润的切片面包。制作时要选用尽可能新鲜的面包，一旦面包干燥变硬，风味就将大打折扣。

烤红薯煎蛋卷配葡萄干切片面包三明治

包裹着松软烤红薯的煎蛋卷本身就是一道不错的点心。那不妨用和红薯绝配的葡萄干切片面包把它夹起来享用吧。葡萄干切片面包上需要涂抹黄油，烤红薯、葡萄干，再加上黄油的香气，让煎蛋卷三明治摇身一变成为点心。

材料（1份用量）

葡萄干切片面包（1整块/切成15毫米厚的
面包片）……2片
无盐黄油……6克
烤红薯煎蛋卷※……1根

※ 烤红薯煎蛋卷
烤红薯50克去皮，切成1厘米见方的小块，
混在基础煎蛋卷里包起来煎至成形即可（参
考第8~9页）。

做法

1. 每片葡萄干切片面包的一面各涂上一
   半无盐黄油。
2. 将烤红薯煎蛋卷夹在面包片中间，对
   半切开。

点心般的感觉

辣味明太子香葱煎蛋卷三明治

辣味明太子搭配香葱末制成的居酒屋风味煎蛋卷非常适合下酒，是一道属于成年人的美食。相较于基础煎蛋卷，此煎蛋的甜味没那么强，添加的牛奶让辣味以更加柔和的口感被保留下来，与面包搭配也能获得均衡的口感。

这道三明治可以当作啤酒或日本酒的下酒菜，是赏花行乐时节的推荐佳肴。

材料（1份用量）

切片面包（6片装）……2片
蛋黄酱……10克
辣味明太子香葱煎蛋卷※……1个

※ 辣味明太子香葱煎蛋卷

将3个鸡蛋打入盆中搅散，加入8克香葱末、1大匙牛奶、1/2小匙酱油、1/2小匙味醂搅打均匀。辣味明太子去掉薄皮取40克。煎蛋锅中倒油加热，倒入1/3蛋液，用长筷子轻轻搅动，煎至半凝固状态后放入辣味明太子码成一行，将蛋皮卷起以确保辣味明太子处于正中央。剩下的蛋液分3次倒入锅中，重复上述步骤煎熟卷起（参考第8~9页）。

做法

1. 切去面包边，取切片面包的其中一面分别涂上一半蛋黄酱。

2. 将辣味明太子香葱煎蛋卷夹在面包中间，切成3等份。

下酒菜的感觉

樱花虾高汤煎蛋卷三明治

在煎蛋卷和欧姆蛋中加入各式食材和调味料，可以衍生丰富的变化。话虽如此，但高汤煎蛋卷不适合塞太多填充物这一点也很重要。与上等食材结合以激发高汤香气时，选料要尽量简单，比如白水煮樱花虾。柔和的香气融入口感绵软的鸡蛋，蛋香中又透着樱花虾特有的细腻鲜味。只添加这种食材，就会有如此变化。

材料（1份用量）

切片面包（8片装）……2片
芥末蛋黄酱（参考第26页）……10克
樱花虾高汤煎蛋卷※……1个

※ 樱花虾高汤煎蛋卷
将3个鸡蛋打入盆中，加入3大匙高汤、1小匙酱油、1小匙搅味啉打均匀，再放入20克樱花虾（清水煮熟）。煎蛋锅放油加热，倒入1/4蛋液，用长筷子搅动，待蛋液稍微凝固后卷起。剩下的蛋液以每次1/3的量逐次加入，重复上述步骤直至煎蛋卷最终成形（参考第10~11页）。

做法

1. 切掉面包边，取切片面包的其中一面分别涂上一半芥末蛋黄酱。
2. 将樱花虾高汤煎蛋卷夹在面包中间，切成3等份。

细腻的鲜味

蟹肉鸭儿芹高汤煎蛋卷三明治

用鲣鱼和海带熬制的高汤制作的高汤煎蛋卷，与海味无疑是绝佳组合。
从零开始用生鲜加工未免门槛太高，不过用罐头就方便多了。这里推荐用盲珠雪怪蟹肉，柔和的风味让鲜美加倍。再搭配切碎的鸭儿芹增色添香，透着清凉感的芳香搭配略带嚼劲的口感，将蟹肉的风味发挥到极致。

材料（1份用量）

切片面包（8片装）……2片
芥末蛋黄酱（参考第26页）……10克
蟹肉鸭儿芹高汤煎蛋卷 ※……1个

※ 蟹肉鸭儿芹高汤煎蛋卷
将3个鸡蛋打入盆中，加入3大匙高汤、1小匙酱油、1小匙搅味啉打均匀，再放入4克鸭儿芹（切成1厘米见方碎块）和20克罐装盲珠雪怪蟹肉（预先吸掉多余水分）。煎蛋锅放油加热，倒入1/4蛋液，用长筷子搅动，待稍微凝固后卷起。剩下的蛋液以每次1/3的量逐次加入，重复上述步骤直至煎蛋卷最终成形（参考第10~11页）。

做法

1. 切掉面包边，每片面包的其中一面分别涂上一半芥末蛋黄酱。
2. 蟹肉鸭儿芹高汤煎蛋卷夹在面包中间，切成3等份。

馥郁的鲜美

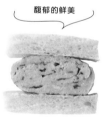

欧姆蛋 ✕ 切片面包

恨不得快点吃到鸡蛋三明治！这时候我更推荐用比水煮蛋省事的欧姆蛋来制作三明治。洋溢着黄油芬芳的原味欧姆蛋非常适合搭配烤切片面包。将黄油和番茄酱一同涂抹到面包上，呈现的是与煎蛋卷三明治截然不同的西式风味。可以混合其他食材一同烹制，也可以拿来搭配培根和蔬菜，搭配无限多，创意无限大。

材料（1份用量）

切片面包（8片装）⋯⋯2片

无盐黄油⋯⋯6克

番茄酱⋯⋯10克

欧姆蛋（参考第12~13页）⋯⋯1块

做法

切片面包用面包机烘烤，每片的其中一面分别涂上一半无盐黄油，再涂上一半番茄酱。夹起欧姆蛋后，切去上下的面包边，再切成3等份。

切片面包烘烤至表面焦黄的程度，能有效激发欧姆蛋的质朴美味。先涂一层黄油再涂一层番茄酱也是美味的关键，起到平衡烤切片面包与欧姆蛋、统一风味的作用。

切片面包烤过后会更香，呈现面包边独有的美味。制作带面包边的三明治时，通常保留左右两侧，将上下的面包边切除。每一刀下去都要调整三明治外形直至均衡，然后享用。

欧姆蛋【添加生奶油】✕ 切片面包

在鸡蛋中加入生奶油，就能让原味欧姆蛋华丽变身为拥有馥郁口感的欧姆蛋。为了最大限度地激发欧姆蛋的细腻口感，用加了酸奶油的蛋黄酱来增加风味，搭配未经烘烤的切片面包吧。

尽管只是欧姆蛋和面包的简单搭配，但成品能否保有欧姆蛋的特色，取决于面包的使用和酱汁的搭配。

材料（1份用量）

切片面包（8片装）……2片

无盐黄油……8克

酸奶油……5克

蛋黄酱……5克

欧姆蛋（添加生奶油，参考第14~15页）……1块

做法

每片切片面包的其中一面涂上一半无盐黄油，将酸奶油和蛋黄酱混合，各取一半涂在无盐黄油上。用面包夹起欧姆蛋后切去上下的面包边，切成3等份。

切片面包不经烘烤，保留了绵软的口感，成品才有细腻的质感。添加了生奶油的滑腻欧姆蛋搭配酸奶油，使奶制品独有的丰腴风味被加倍放大。

即便切片面包未经烘烤，也需要切去上下的面包边，留下左右两侧。此举在于确保三明治的结构稳定，方便等分切开后摆盘。不经烘烤的切片面包更讲究新鲜程度，要是放干了，就把面包边都切掉吧。

欧姆蛋 ✕ 切片面包 + **食材改造！**

培根菠菜欧姆蛋三明治

将培根和菠菜这对经典搭档包含其中的欧姆蛋，再搭配全麦切片面包，营造了一种健康的味道。全麦切片面包稍加烘烤后香味会更加浓郁，容易变硬的面包边不妨预先切掉。这款三明治适合搭配奥罗拉酱当早餐。

材料（1份用量）

全麦切片面包（6片装）……2片
无盐黄油……6克
奥罗拉酱（参考第27页）……10克
培根菠菜欧姆蛋 ※……1块

※ 培根菠菜欧姆蛋
取3个鸡蛋打入盆中，加入切成1厘米宽的菠菜（需要用盐水焯烫，然后吸掉多余水分）30克、切成方条的培根（用平底锅煎熟）25克，撒入食盐、白胡椒搅打均匀。煎蛋锅加热，融化8克无盐黄油，将蛋液一次性倒入。用刮刀从边缘向中心大幅度刮动蛋液，让蛋液整体均匀受热。等蛋液整体呈现半凝固的状态，用锅铲利落地翻面，将两面煎至凝固成形即可（参考第12~13页）。

做法

1. 将全麦切片面包切掉面包边后稍加烘烤。每片的其中一面涂上一半无盐黄油，再分别涂上一半奥罗拉酱。
2. 用面包夹起培根菠菜欧姆蛋，对半切开。

吃了它我就是
大力水手！

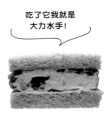

卡布里沙拉风味欧姆蛋三明治

番茄、马苏里拉奶酪、罗勒，用这几种卡布里沙拉的食材烧制欧姆蛋，要点在于用橄榄油替代黄油。食材的风味相得益彰，呈现出浓郁的意式风情。为了细细品味欧姆蛋的丰富配料，要选用较薄的切片面包，调整至最能衬托欧姆蛋的均衡配比。切分尺寸也要更小一些，方便入口。从风味来看，完全是下酒菜。

材料（1份用量）

切片面包（8片装）……2片
奥罗拉酱（参考第27页）……12克
卡布里风味欧姆蛋※……1块

※ 卡布里风味欧姆蛋
取3个鸡蛋打入盆中，加入40克番茄（切成15毫米见方的小块）、25克马苏里拉奶酪（切成10毫米见方的小块）、3克罗勒碎（不用切太碎），撒上食盐和白胡椒搅打均匀。煎蛋锅中放1大匙橄榄油，摊开加热，将蛋液一次性倒入。用刮刀从边缘向中心大幅度刮动蛋液，让蛋液整体均匀受热。等蛋液整体呈现半凝固的状态时，用锅铲利落地翻面，将两面煎至凝固成形（参考第12~13页）。

做法

1. 切去面包边，每片面包的其中一面涂上一半奥罗拉酱。
2. 用面包夹起卡布里风味欧姆蛋，沿对角线切成4等份。

意大利风情！

松露风味蘑菇欧姆蛋三明治

松露与鸡蛋搭配，简约不简单，堪称绝配。家常鸡蛋料理在松露的提携下摇身一变成为可以搭配红酒的高级菜品。当然，谁不想阔绰一把用新鲜松露制作三明治呢？不过这里还是用容易找到的松露盐来增添风味。此乃通过味觉切实地感受"芳香"的组合。

材料（1份用量）

切片面包（6片装）……2片
无盐黄油……10克
松露风味蘑菇欧姆蛋※……1块
松露盐……少许

※ 松露风味蘑菇欧姆蛋
取3个鸡蛋打入盆中，加入2大匙生奶油（乳脂含量38％左右）、松露盐（也可用松露油和食盐代替）、白胡椒搅打均匀后，加入35克蘑菇（用黄油煎熟）搅拌均匀。煎蛋锅加热，融化8克无盐黄油，将蛋液一次性倒入。用刮刀从边缘向中心大幅度刮动蛋液，让蛋液整体均匀受热。等蛋液整体呈现半凝固的状态时，用锅铲利落地翻面，将两面煎至凝固成形（参考第14~15页）。

做法

1. 每片切片面包的其中一面涂上一半无盐黄油。

2. 用面包夹起松露风味蘑菇欧姆蛋，切掉上下面包边后切成3等份。摆盘时撒上松露盐作为点缀。

松露芳香满溢！

三文鱼欧姆蛋三明治

烟熏三文鱼也是好吃的欧姆蛋必备的搭配食材之一。加入生奶油后，在浓稠的蛋液中加入带有清爽酸味的酸奶油，令其风味更加清新，衬托出烟熏三文鱼的上乘芳香。全麦切片面包上涂抹着添加了大量香草的酸奶油蛋黄酱，与欧姆蛋的香味自然衔接。口感丰富，适合作为周末的早午餐享用。

材料（1份用量）

全麦切片面包（8片装）……2片
酸奶油蛋黄酱（参考第27页）……12克
三文鱼欧姆蛋※……1块

※ 三文鱼欧姆蛋

取3个鸡蛋打入盆中，加入2大匙生奶油、10克酸奶油、食盐、白胡椒搅打均匀后，加入35克烟熏三文鱼片（切成15毫米见方的小片）搅拌均匀。煎蛋锅加热，融化8克无盐黄油，将蛋液一次性倒入。用刮刀从边缘向中心大幅度刮动蛋液，让蛋液整体均匀受热。等蛋液整体呈现半凝固的状态时，用锅铲利落地翻面，将两面煎至凝固成形（参考第14~15页）。

做法

1. 全麦切片面包切掉面包边，各取其中一面涂上一半酸奶油蛋黄酱。
2. 用面包夹起三文鱼欧姆蛋，沿对角线切成4等份。

香草芳香四溢！

西式炒蛋【隔水煎做法】 ╳ 切片面包

黏糊糊的西式炒蛋尽管并不适合夹在三明治里，但当它和口袋三明治融合时，又会是另一番质朴的风味。将细腻柔滑的口感和重视均衡感、湿润绵软的面包搭配起来吧。这是基础三明治中入口即化感最强、质地最细腻的一款。鸡蛋无论是用沸水煮、下锅煎制还是隔水煎制，烹饪方法和搭配方式带来的丰富口味变化都令人惊叹。

材料（1份用量）

切片面包（4片装）……1片
西式炒蛋【隔水煎做法】
（参考第18~19页）……60克
蛋黄酱……8克

做法

1. 切片面包切去面包边，切成2等份。将断面小心地划开以形成口袋状。
2. 将西式炒蛋与蛋黄酱混合，装入裱花袋，分别注入断面剖开的面包口袋里。

将较厚的切片面包对半切开，在断面上用菜刀划出刀口。要是刀口太宽、太深，注入填充物时面包片容易被撑裂。要点在于，边缘处留出5毫米左右的安全区。其实带着面包边制作更不容易失败，如果在意面包的干燥程度，还请带着面包边一起加工。

将隔水煎制的西式炒蛋与蛋黄酱混合，营造出细腻顺滑的质地。这里的调味较为朴素，此外既可以加入酸奶油和香草增添清爽的感觉，也可以加入松露油或松露盐简单提香。推荐加入切成碎末的烟熏三文鱼或培根增添分量感。

煎蛋【两面煎】 ╳ 切片面包

大家是否觉得，与夹在面包里相比，将煎蛋放在面包上或者就着面包吃更为常见呢？如果让煎蛋作为三明治的夹心，建议用两面煎的煎蛋。两面焦黄、煎透的荷包蛋不仅夹起来方便，切起来也很轻松。搭配面包的另一大关键在于，煎蛋时让蛋黄始终处于鸡蛋正中央。对半切或是切成4等份时，蛋黄处在正中间所呈现的视觉效果也更棒。蛋黄的熟度还请根据个人口味加以调整。较薄的煎蛋与较薄的切片面包搭配更为均衡。面包预先烘烤一下，还能让香味加倍。搭配酱油蛋黄酱，又是另一番滋味。

材料（1份用量）

切片面包（12片装）……2片
酱油蛋黄酱（参考第26页）……10克
煎蛋【两面煎】（参考第20～21页）……1个

做法

将面包烘烤过后，每片的其中一面涂上一半酱油蛋黄酱。夹起鸡蛋后，切去面包边，沿对角线切成4等份。

将切片面包烘烤至微微焦黄即可。过度蒸发水分会让面包片变得很不好切，简单烤一下，趁早拿出来。涂在面包上的是酱油蛋黄酱，酱油的香气与鸡蛋的香味是绝配，配薄片面包妙不可言。

西式炒蛋【平底锅做法】 × 切片面包 + 食材改造！

葱香小沙丁鱼西式炒蛋三明治

平底锅西式炒蛋最大的魅力在于，只要想吃，分分钟就能做好。将基础配方中的黄油根据食材替换成其他种类的油脂，炒蛋做好后的香气会截然不同。
小沙丁鱼和香葱，在芝麻油的衬托下，散发出日式芳香，推荐和浓郁黏稠的半熟西式炒蛋搭配。
尽管无法切得很齐整，但是这是一种充分体现手工制作风情与美味的三明治。

材料（1份用量）

切片面包（8片装）……2片
酱油蛋黄酱（参考第26页）……10克
鸡蛋……2个
牛奶……1大匙
小沙丁鱼……25克
香葱（切小段）……10克
芝麻油……2小匙
食盐……少许
白胡椒……少许

做法

1. 将切片面包稍加烘烤，每片面包的其中一面涂上一半酱油蛋黄酱。

2. 用小沙丁鱼和香葱段制作西式炒蛋。将鸡蛋打入盆中，加入牛奶、小沙丁鱼、香葱段，撒食盐和白胡椒调味，搅打均匀。平底锅中放芝麻油加热，倒入蛋液，用刮刀来回大幅度翻动混合，炒至蓬松状，整理成方便被切片面包夹起来的大小即可。

3. 待西式炒蛋以半熟状凝固后，将其夹在两片面包中。去掉上下面包边后切成3等份。

芝麻油画龙点睛

培根煎蛋卷心菜全麦三明治

由煎蛋和培根这对早餐老搭档加上卷心菜，搭配全麦切片面包制成健康的三明治。只用酱油蛋黄酱调味，简约朴素。与卷心菜混合的青紫苏叶也散发着清香。

切分时保留面包边，享受完整的全麦芳香。

正因为是饱经时间考验的经典搭配，才有百吃不腻的鲜美滋味。

材料(1份用量)

全麦切片面包（8片装）……2片
酱油蛋黄酱（参考第26页）……12克
煎蛋（两面煎，参考第20~21页）……1个
培根……2片
卷心菜（切丝）……20克
紫苏叶（切丝）……0.5片

做法

1. 将全麦切片面包稍加烘烤，每片面包的其中一面涂上5克酱油蛋黄酱。

2. 用平底锅将培根煎至两面焦黄。

3. 将卷心菜和紫苏叶切丝。

4. 将培根放在面片片上，薄薄地挤上2克酱油蛋黄酱后放上煎蛋，最后放上混合蔬菜丝。盖上另一片面包，沿对角线切成4等份。

一点点日式风味

03

将鸡蛋放 / 抹

在面包上

西式炒蛋【平底锅做法】✕ 切片面包

用平底锅制作蓬松的西式炒蛋，最好吃的时候是刚出锅的那一会儿。趁烤面包片的工夫赶紧做一份西式炒蛋，一出锅就放在面包片上尽快享用吧。面包、鸡蛋、黄油，以及食盐和白胡椒联袂打造的滋味是如此质朴，因此加工时的火候和食盐用量才至关重要。

材料(1份用量)

切片面包（5片装）……1片
无盐黄油（烤吐司用）……8克
鸡蛋……2个
无盐黄油（西式炒蛋用）……10克
生奶油……20毫升
食盐……少许
白胡椒……少许

做法

1. 将切片面包稍加烘烤，朝上一面涂抹上无盐黄油。

2. 取鸡蛋打入盆中，加入生奶油、食盐、白胡椒后搅打均匀。

3. 平底锅加入无盐黄油，中火加热。黄油融化后倒入蛋液，用刮刀来回大幅度翻动混合，炒至整体呈蓬松状，底部凝固但上部仍有少许黏稠感时关火（参考第16~17页）。

4. 将西式炒蛋放在面包上，撒上食盐和白胡椒点缀。

煎蛋 ╳ 切片面包

只是将在高温瞬间煎熟一面的煎蛋放在黄油面包上，就这么简单。蛋白边缘被煎到酥脆焦香，与面包的香气十分契合。同样的材料，同样用平底锅烹饪，能分别品尝蛋白与蛋黄风味的煎蛋，与蛋清、蛋黄充分融合的西式炒蛋，完全不是同一种料理。越是用简单质朴的组合加以比较，越是有各种各样的发现，这是创造新菜品时迈出的第一步。

材料（1份用量）

切片面包（8片装）……1片
无盐黄油……8克
鸡蛋……1个
色拉油……适量
食盐……少许
黑胡椒……少许

做法

1. 烘烤切片面包，在朝上的一面抹上无盐黄油。

2. 制作煎蛋（参考第20页单面煎的煎蛋）

3. 将煎蛋放在面包上，撒上食盐和黑胡椒点缀。

西式炒蛋【平底锅做法】 ╳ 切片面包 + 食材改造！

蚕豆羊乳奶酪西式炒蛋配烤吐司

蚕豆与羊乳奶酪片的组合，堪称意大利的春季风物诗。酥软蚕豆的甘甜能充分融入橄榄油炒制的西式炒蛋中。羊乳奶酪的咸味和羊奶特有的香味朴素又深厚，黑胡椒的衬托亦是效果超群。

材料（1份用量）

切片面包（6片装）……1片
特级初榨橄榄油（烤面包用）……1/2大匙
鸡蛋……2个
蚕豆（去壳净重）……50克
羊乳奶酪※……5克
特级初榨橄榄油（西式炒蛋用）……1大匙
食盐……少许
白胡椒……少许
黑胡椒……少许

做法

1. 在切片面包朝上的一面涂抹特级初榨橄榄油（原料表外），用面包机或平底锅烘烤。

2. 蚕豆去除豆荚，用盐水煮断生，剥去薄皮。

3. 取鸡蛋打入盆中，加食盐、白胡椒搅打均匀。

4. 平底锅中倒入特级初榨橄榄油，中火加热。油温上升后倒入蛋液，中火翻炒蓬松后加入蚕豆，从外侧用刮刀大幅度慢速翻动混合。待整体呈现蓬松的半凝固状态，上半部仍有黏稠感时关火（参考第16~17页）。

5. 将步骤4的成品放在烤面包上，放上用刨子刮下来的羊乳奶酪片。装盘后用研磨器磨适量黑胡椒粒作为点缀。

※ 羊乳奶酪
用羊奶制成的意大利传统奶酪，因产自罗马郊区而得名。可通过盐分彻底激发羊奶特有的甜味与鲜味，广泛用于意大利面等意式料理。推荐用刨子将其刮成薄片或者磨成粉使用。买不到的话，也可以用帕尔马奶酪代替。

煎蛋【半熟做法】 ✕ **切片面包** + 食材改造！

法式火腿奶酪加蛋三明治

在法式咖啡厅必备菜品——法式火腿奶酪三明治上放一个煎鸡蛋，就成了法式
火腿奶酪加蛋三明治。
法式火腿奶酪加蛋三明治好吃的秘诀在于，用煎至半熟的煎蛋的蛋黄充当酱汁。

材料（1份用量）

切片面包（8片装）……2片
无盐黄油……6克
火腿片……20克
格吕耶尔奶酪（可以用碎奶酪代替）……28克
贝夏梅尔酱※……25克
半熟煎蛋（参考第21页）……1个
食盐……少许
黑胡椒……少许

做法

1. 格吕耶尔奶酪切成薄片，1/3维
   持薄片状，其余切成碎末。有奶
   酪刮片刀的话，也可以使用刀具
   刮大片。

2. 每片切片面包的其中一面涂上无
   盐黄油，放上火腿片和切片的格
   吕耶尔奶酪。

3. 在步骤2成品上涂上贝夏梅尔酱，
   撒上切碎的格吕耶尔奶酪，置入
   烤箱中烘烤到奶酪融化，表面略
   带焦黄色。

4. 将半熟煎蛋放在步骤3中融化的
   奶酪上，撒上食盐和粗磨黑胡椒
   作为点缀。

※ 贝夏梅尔酱（方便制作的量）
用锅融化30克无盐黄油，加入30克
筛过的低筋面粉，炒至质地松散不发
黏，但注意不要将面粉炒变色。加入
400毫升热牛奶，小火加热，用打蛋
器搅打至顺滑。加入适量食盐和白胡
椒、肉豆蔻调味。

＊ 法式火腿奶酪三明治原本是一种火腿配奶酪的简单热三明治，贝夏梅尔酱并非必需的，尝的是面包烤透后的焦香滋味。要做成法式火腿奶酪加蛋
三明治的话，推荐加入贝夏梅尔酱做成烙菜（gratin）。黏稠的蛋黄与柔滑的贝夏梅尔酱融合后，那叫一个美味。

煎蛋【烤箱做法】✕ 切片面包

将生鸡蛋直接打在切片面包上烤制而成的煎蛋烤面包，有一种鸡蛋和面包一体成型的风味。一般是在切片面包上做"围栏"，或者在切片面包上挖孔，防止鸡蛋流得到处都是。在切片面包上做"围栏"时，用蛋黄酱把鸡蛋围起来是最为省事的做法。稍加烘烤后凝固的蛋黄酱有一种直接食用时没有的浓郁风味。大家可以添加自己喜欢的香料和调味料，摸索符合个人口味的配方。

材料(1份用量)

切片面包（5片装）……1片
鸡蛋……1个
蛋黄酱……20克
食盐……少许
白胡椒……少许

做法

1 将切片面包放在铝箔上，在面包边内侧挤几圈蛋黄酱形成一个"围栏"。建议每一边各挤三道，蛋黄酱有了高度后，鸡蛋就不容易流出来。

2 将鸡蛋打入小碗里，小心地转移到"围栏"里。将蛋黄调整至中央位置。

＊ 刚从冰箱里拿出来的鸡蛋温度较低，烤制更耗时间。鸡蛋恢复常温后短时间内就会迅速熟透，切勿把面包烤过头。

3 预热烤箱，将步骤2的食材带铝箔一同放入。

＊ 烤箱门打开后温度会下降，因此建议使用较高温度预热。

4 食材放入烤箱后，马上用喷雾器喷上水雾并关闭烤箱门。喷过水雾后，面包不容易烤到发硬，蒸汽也能让鸡蛋较为快速地被烤熟。蛋黄酱实在容易烤焦的话，可以卷起铝箔将周围包起，注意不要碰到蛋黄酱。关火用余温加热也行。完成后根据口味撒上食盐和白胡椒就可以享用了。

大葱鸡蛋和风煎蛋烤吐司

用芝麻油炒过的大葱香气逼人，非常适合搭配鸡蛋与酱油蛋黄酱。
以酱油蛋黄酱为底，码上大葱做成"围栏"，最后撒上辣椒粉作为点缀。
再配一碗味噌汤，就是一份不错的日式早餐。

材料（1份用量）

切片面包（5片装）……1片
酱油蛋黄酱（参考第26页）……15克
大葱……20克
芝麻油……2小匙
鸡蛋……1个
食盐……少许
白胡椒……少许
辣椒粉……少许

做法

1. 大葱切成斜段，热锅中放芝麻油，倒入大葱炒香。加食盐、白胡椒调味。
2. 切片面包放在铝箔上，面包边内挤上酱油蛋黄酱，再放上炒香的大葱围成一圈。
3. 鸡蛋打入小碗中，小心地转移到大葱"围栏"中央。
4. 连铝箔带面包放入预热过的烤箱，烤至蛋清完全凝固（参考第81页）。
5. 装盘时撒上辣椒粉。

培根蛋面风煎蛋烤吐司

将意大利面中大受欢迎的意式培根蛋面改造成烤吐司做法。
其美味的要点在于撒上大量黑胡椒，以及食用前不将半熟的蛋黄戳破这两点。
烤到酥脆的培根的芳香激发了奶酪的风味。

材料（1份用量）

切片面包（5片装）……1片
蛋黄酱……10克
培根（切细条）……25克
碎奶酪……20克
帕尔马奶酪（粉末）……5克
鸡蛋……1个
特级初榨橄榄油……2小匙
黑胡椒……少许

做法

1. 取平底锅将培根煎至微微焦黄。用厨房纸吸掉多余的油脂。

2. 切片面包涂上特级初榨橄榄油，面包边内侧挤上蛋黄酱，放一圈碎奶酪做成"围栏"。

3. 鸡蛋打入小碗中，小心地转移到"围栏"中央，再撒上一些帕尔马奶酪。

4. 将步骤3的成品放在铝箔上，放进预热过的烤箱，烤至蛋清完全凝固（参考第81页）。

5. 装盘时撒上粗磨的黑胡椒粉。

水波蛋 ╳ 切片面包

水波蛋在日本的家常菜中鲜有登场机会，可要是能熟练掌握做法，用时可比制作水煮蛋和温泉蛋更短，而且调整半熟程度更方便。尽管水波蛋不适合夹在面包里，但和开放式三明治是绝配，并作为菜品浇头被广泛应用于各式西餐。

水波蛋搭配荷兰酱放在小尺寸的切片面包上，先从这一基础款入手品尝美味吧。

材料（1份用量）

枕形面包（切成每片15毫米厚）……1片

水波蛋（参考第22~23页）……1个

荷兰酱（参考第25页）……适量

做法

1. 面包片稍加烘烤。

2. 将水波蛋放在面包上，淋上荷兰酱。

凯撒沙拉风吐司

将切片面包的面包边改造成容器，把挖出来的部分做成面包干，再搭配鸡蛋和蔬菜，就有了经典美式沙拉——凯撒沙拉的影子。尽管只是简单搭配了罗马生菜，但是放上水波蛋后有了一种轻奢风情。烤到外焦里脆的面包边也不要浪费，用手撕下来就着沙拉享用吧。

材料（1份用量）

切片面包（5片装）……1片
水波蛋（参考第22~23页）……1个
罗马生菜……2~3片
凯撒沙拉汁※……适量
帕尔马奶酪（刨花）……适量
特级初榨橄榄油……适量
黑胡椒……少许

※凯撒沙拉汁
取50克蛋黄酱、50克原味酸奶、2大匙特级初榨橄榄油、2小匙柠檬汁、10克帕尔马奶酪（刨花）、10克凤尾鱼肉（切碎）、半瓣大蒜（切成蒜末或磨成蒜泥）、1/4小匙盐、1/4小匙黑胡椒（粗磨）混合均匀即可。

做法

1. 小刀插入面包边内侧7毫米左右的位置，将中心部分挖出来（参考第119页）。用刷子给切片面包涂上特级初榨橄榄油。挖出来的中心部分切成小丁，撒上帕尔马奶酪。

2. 将步骤1处理过的面包放进烤箱烘烤，整体呈焦黄色即可取出。

3. 将罗马生菜切成一口左右的大小。

4. 容器里放上烤过的面包边，在挖空部分放上步骤3的罗马生菜和烤过的面包丁。然后放上水波蛋，淋上凯撒沙拉汁，撒上粗磨黑胡椒即可。

水波蛋 ╳ 切片面包 + 食材改造！

水波蛋芦笋吐司

芦笋非常适合用来搭配水波蛋，无论是绿芦笋还是白芦笋，和鸡蛋都是经典组合。如果是方便处理的绿芦笋的话，完全能轻松应用于吐司菜品的制作。富含大量香草的酸奶油蛋黄酱搭配酸奶制成的清新酱汁，烘托出芦笋独有的清香。

材料（1份用量）

切片面包（6片装）……1片

无盐黄油……8克

水波蛋（参考第22~23页）……1个

绿芦笋……2根

酸奶蛋黄沙拉汁※……适量

特级初榨橄榄油……适量

食盐……少许

白胡椒……少许

※ 酸奶蛋黄沙拉汁
将酸奶油蛋黄酱（参考第27页）和原味酸奶等量混合，加入食盐和白胡椒调味即可。

做法

1. 绿芦笋切去1厘米左右的根部，用刨子刨掉根部的硬皮，斜切成段。

2. 平底锅中加入特级初榨橄榄油加热，将处理过的芦笋炒香，加入食盐和白胡椒调味。

3. 切片面包烤过后抹上无盐黄油。

4. 在面包上依次码上炒芦笋和水波蛋，淋上酸奶蛋黄沙拉汁。

英式松饼配班尼迪克蛋

在使用水波蛋的面包料理中，班尼迪克蛋无疑是极有名的一道。它其实是水波蛋与英式松饼、加拿大培根、荷兰酱的简单搭配。关于它的起源，众说纷纭，不过这一国际组合堪称其诞生地纽约的象征了。不同的辅料会为这道料理带来丰富的变化，是早餐或早午餐的首选。

材料（1盘用量）

英式松饼……1个（60克）
无盐黄油……6克
培根……2片
水波蛋（参考第22~23页）……2个
荷兰酱（参考第25页）……适量
卡宴辣椒粉……少许

做法

1. 将餐叉刺入英式松饼侧面，将其对半剖开。
2. 培根切成2~3等份，用平底锅煎熟。
3. 烘烤切开的英式松饼，剖面涂上无盐黄油。
4. 将处理好的培根放在烤过的英式松饼上，再放上水波蛋，淋上荷兰酱。装盘时撒上卡宴辣椒粉点缀，搭配自己喜欢的沙拉即可（另行制作）。

说是"班尼迪克蛋"，但在英文中是复数形式的"Eggs benedict"。制作时，英式松饼是要一分为二的，因此制作一盘面包需要两个水波蛋。

水煮蛋【半生】 ╳ 切片面包

在法国，生鸡蛋不会拿来拌饭，而是煮至半生来蘸面包当早餐。细长的面包条，蘸上带壳半生水煮蛋那黏稠的蛋黄，法式水煮蛋与面包或许是最为简朴且极致的组合。用食盐和胡椒简单调味后的鸡蛋，是搭配面包的最佳酱汁。

材料(1盘用量)

半生水煮蛋（参考第2~3页）
……1个
切片面包（8片装）……1片
食盐……少许
黑胡椒……少许

做法

1. 切片面包切去面包边，纵向切成5等份，烤制至稍带焦黄色（见图①）。

2. 半生水煮蛋用破蛋锤（参考第35页）在上部打出裂纹（见图②），用小刀切掉尖帽部分（见图③）。

3. 将加工完的水煮蛋放在立蛋器上，和加工完的面包一同装盘。根据口味用食盐和粗磨黑胡椒来调味，然后用面包条蘸着蛋液享用。

西式炒蛋【隔水煎做法】 ╳ 切片面包

隔水煎熟的西式炒蛋装在蛋壳里，可以作为一道精致的前菜端上餐桌。搭配鲑鱼子、鱼子酱或者松露，口感成熟，非常适合作为饮用香槟时的配菜。用来搭配长面包条作为早饭也相当奢侈。装盘方式与法式水煮蛋如出一辙，但风味迥然不同，令人切身感受到鸡蛋料理的奥妙。

材料（1盘用量）

西式炒蛋（隔水煎做法，参考
第18~19页）……1个
切片面包（8片装）……1片

做法

1. 切片面包切去面包边，纵向切成5等份。烤制至稍带焦黄色。

2. 用破蛋锤在鸡蛋上部打出裂纹，用小刀切掉尖帽部分。取出蛋清、蛋黄，蛋壳用清水洗净后晾干。取出的蛋清、蛋黄用来制作西式炒蛋。

3. 将处理完的蛋壳放在立蛋器上，填入西式炒蛋，和烤好的面包条一同装盘。用面包条蘸取西式炒蛋即可享用。

04

让面包沾满

蛋液

法式烤吐司 ╳ 切片面包

用面包浸满牛奶与鸡蛋的混合液烤制而成的法式烤吐司，是备受欢迎的早餐选品之一，写成法语是 Pain perdu，直译就是"失去的面包"的意思。这一料理源于对变硬的面包进行再利用的生活智慧。

基础做法是将吸饱了蛋奶混合液的切片面包在平底锅里煎熟，让面包彻底吸收蛋奶混合液需要时间，用平底锅还容易烤得半生不熟。这里推荐将牛奶和鸡蛋分开，分别制作蛋液和奶汁。奶汁会瞬间被面包吸收，然后再裹上一层蛋液放进平底锅，煎到通身焦黄即可。用这一方法制作，不仅耗时短，还不太可能失败。这一道面包料理既可以在家中制作，也可以加入咖啡厅的菜单。从淋上枫糖浆，感受基础的原味法式烤吐司开始吧。

材料（2片用量）

切片面包（5片装）……2片

无盐黄油……20克

枫糖浆……适量

〈蛋液：1单位用量〉

鸡蛋……1个

食盐……少许

细砂糖……10克

〈奶汁：1单位用量〉

牛奶……200毫升

细砂糖……20克

香草荚※……1/4根

※ 将香草荚纵向切开，用小刀挑出豆子使用。

做法

4 制作奶汁。将牛奶和20克细砂糖、香草豆连通香草荚一同加入小锅。加热至奶汁临近沸腾，让细砂糖与牛奶充分融合。

8 让蛋液均匀覆盖面包表面。

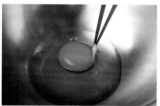

1 制作蛋液。将鸡蛋打入盆中，挑去蛋黄系带。

5 将奶汁倒入方盘中，用细眼笊篱（或者漏勺）滤掉固体物。

9 平底锅中融化一半黄油，用中火煎烤面包。

2 放一小撮食盐，搅打均匀。鸡蛋加食盐后既能打得松散，也能平衡甜味。

6 将切片面包浸泡在完成的奶汁里，确保面包边都吸饱奶汁。

10 煎到面包上色后翻面。加入剩余的无盐黄油煎烤出香味，注意别把黄油烤焦。

3 加入10克细砂糖搅打均匀。

7 将泡过奶汁的切片面包浸入制作好的蛋液中。

11 等两面都呈焦黄色，将面包立起来，把侧面也烤一下。装盘后根据个人口味淋上枫糖浆即可。

葡萄干面包版法式烤吐司配生奶油&卡仕达奶油

将基础法式烤吐司的切片面包换成葡萄干切片面包，再在奶汁中加入朗姆酒。葡萄干的酸甜与朗姆酒的酒香相互衬托，呈现一种不过分甜腻的成熟风味。搭配生奶油&卡仕达奶油食用也相当美味。

材料（1份用量）

葡萄干切片面包（枕形面包/20毫米厚）……1片

无盐黄油……10克

基础法式烤吐司蛋奶液（参考第93页）……1/2单位用量

朗姆酒……1小匙

生奶油&卡仕达奶油（参考第28~30页）……适量

枫糖浆……适量

做法

1. 分别制作基础法式烤吐司的蛋奶液。在奶汁中加入朗姆酒。

2. 将葡萄干切片面包浸在奶汁里，然后包裹上一层蛋液。

3. 平底锅中融化一半无盐黄油，放入处理好的面包，用中火煎烤。

4. 面包煎到上色后翻面。加入剩余的无盐黄油煎烤出香味，注意别把黄油烤焦。

5. 等两面都呈焦黄色，将面包立起来，把侧面也烤一下。

6. 装盘，放上生奶油&卡仕达奶油，淋上枫糖浆。

朗姆酒
飘香的成熟风情！

烤香蕉盐味焦糖汁配法式烤吐司

用黄油和细砂糖烤到散发浓郁甜香的香蕉入口即化，口感非常适合搭配法式烤吐司。放上香草冰激凌，
再淋上盐味黄油焦糖汁，便可成就一道奢侈的甜品。温热的烤香蕉与冰凉的香草冰激凌之间的温度差，
和盐味黄油焦糖汁那甜中带咸的风味带来令人印象深刻的味觉冲击。

材料（1片用量）

切片面包（5片装）……1片

无盐黄油……10克

基础法式烤吐司蛋奶液（参考
第93页）……1/2单位用量

香蕉……1根

细砂糖……1大匙

香草冰激凌……适量

盐味黄油焦糖汁※……适量

核桃仁（果仁碎）……适量

做法

1. 制作基础法式烤吐司。

2. 将香蕉对半剖开，平底锅中撒入
   细砂糖，香蕉剖面向下入锅放在
   细砂糖上，中火煎至细砂糖融化
   呈褐色。上色后翻面，将另一面
   也煎至微微焦黄。

3. 盘中放上法式烤吐司，再放上烤
   香蕉。烤香蕉上放香草冰激凌，
   淋上盐味黄油焦糖汁，再撒一些
   切碎的核桃仁。

※ 盐味黄油焦糖汁（方便制作的量）
锅中放入200克细砂糖与2大匙水，中火加
热。细砂糖完全融化后晃动锅，缓慢加热到
糖浆呈茶褐色。待糖浆完全上色、散发香味
时关火，加入200毫升生奶油。最后加入一
小撮食盐和30克含盐黄油（最好用法国原产
的发酵黄油），融化后混合均匀。

感受对比强烈的美味吧！

法式烤吐司 ✕ 法式短棍

短棍面包制成的法式烤吐司

法式烤吐司最终呈现的味道，取决于面包自身的口感与吸收多少蛋奶液之间的平衡。刚烤好的面包水分较多，吃起来会让人感觉非常厚实。对于不是很爱使用切片面包做的法式烤吐司那种软黏的口感的朋友，建议使用法式面包制作。质地较硬的短棍面包会带来恰到好处的弹性与结实的口感。

材料(2片用量)

法式短棍面包（300毫米厚斜切片）……2片
无盐黄油……12克
基础法式烤吐司蛋奶液
（参考第93页）……1单位用量
枫糖浆……适量

做法

1. 制作基础法式烤吐司蛋奶液。

2. 将短棍切片浸入奶汁，再裹上蛋液。

3. 平底锅中融化一半用量的无盐黄油，放入处理好的短棍面包切片，用中火煎烤。

4. 煎到上色后翻面。加入剩余的无盐黄油煎烤出香味，注意别把黄油烤焦。

5. 等两面都呈焦黄色，将面包立起来，把短棍皮也烤一下。

6. 装盘，淋上枫糖浆。

结构紧实，口感分明！

黄油鸡蛋圆面包制成的法式烤吐司

与用鸡蛋和牛奶分别制作的蛋液和奶汁最为搭配的面包，当属楠泰尔布里欧修（高黄油无水鸡蛋面包）。用法式长棍面包和短棍面包制作烤吐司属于家常做法，在法国的咖啡厅里，用布里欧修制作的奢华款式才是主流。

正因为加了大量鸡蛋来代替水，布里欧修才有着入口即化的绵软口感。

材料(1片用量)

布里欧修（30毫米厚切片）……1片
无盐黄油……10克
基础法式烤吐司蛋奶液（参考第93页）……1/2单位用量
枫糖浆……适量

做法

1. 制作基础法式烤吐司蛋奶液。

2. 将布里欧修浸入奶汁，再裹上蛋液。

3. 平底锅中融化一半无盐黄油，将处理好的布里欧修放入锅内用中火煎烤。

4. 面包煎到上色后翻面。加入剩余的无盐黄油煎烤出香味，注意别把黄油烤焦。

5. 等两面都呈焦黄色，将布里欧修立起来，把侧面面包皮也烤一下。

6. 装盘，淋上枫糖浆。

入口即化的口感！

法式烤吐司 【沾满蛋液的做法】 ✕ 切片面包

在日本的酒店和专营店里，用长时间浸泡在蛋液里的面包制成的法式烤吐司很受欢迎。鸡蛋和牛奶混合后的蛋奶液要想完全渗入面包，可要耗费一些时间。要是等上一整天，想尽快吃到的急迫心理也会被消磨殆尽，完全浸透蛋奶液的面包也没那么好加热，用平底锅很容易煎得半生不熟。

想要缩短制作用时，这里有几个要点。一是将蛋液过滤后制成细腻的蛋奶液，二是在混合液温热时浸泡面包，三是浸泡时将材料装入袋中，制造接近于真空的状态。做到这三点，就能在较短时间内让混合液充分渗透面包。然后是用烤箱调整火候，面包用平底锅煎到上色后，再用烤箱烤透，就不用担心火候问题了。切片面包与蛋奶液一体化后呈现的，是只有精心制作才会有的细腻美味。大家可以试着做，与蛋奶分离的基础法式烤吐司（参考第92~93页）的风味差异对比一下。

材料（2片用量）

切片面包（4片装）……2片

无盐黄油……12克

尚蒂伊鲜奶油※……适量

〈蛋奶混合液〉

鸡蛋……2个

牛奶……160毫升

细砂糖……40克

香草荚（参考第93页）……1/4根

※尚蒂伊鲜奶油

生奶油加入占比10%的细砂糖，打发8分钟。

做法

2 将奶汁倒入蛋液，用打蛋器混合。牛奶温度较高，需要尽快混合均匀。

8 在冰箱里放置2小时至一夜，让面包充分吸收蛋奶液。

1 切去面包边。这里意在去掉较硬的面包边，让成品有高级感。

5 用细眼笊篱（或者漏勺）过滤蛋奶混合液，滤掉香草荚和蛋黄系带，得到柔滑的蛋奶液。

9 平底锅中加入一半无盐黄油融化，用中火煎烤面包。

2 制作蛋奶液。鸡蛋打入盆中，加入1/4用量的细砂糖搅打均匀。

6 将处理好的面包放入能封口的耐热保鲜袋，趁蛋奶液还温热时倒入。温热的蛋奶液更容易渗透面包。

10 面包煎烤至上色后翻面，加入剩下的无盐黄油将两面烤至焦黄。

3 小锅中倒入牛奶，加入剩下的细砂糖。将香草荚纵向剖开，挑出香草豆后放进牛奶中，加热至临近沸腾，让牛奶与细砂糖充分融合。

7 尽可能挤出保鲜袋里的空气，锁住封口。接近真空的状态能促进蛋奶液渗透面包。冷却后放入冰箱。

11 方盘里垫上烘焙纸，将煎烤过的面包放在烘焙纸上，置入180摄氏度预热过的烤箱，烤制约10分钟。取出装盘后，根据个人口味配上尚蒂伊鲜奶油。

油炸版法式烤吐司

将吸饱蛋奶混合液的面包放入足量的油中炸熟，就这么简单。香气浓郁悠长，风味令人心想起贝奈特饼。撒上大量糖粉作为手抓小点心，或是搭配覆盆子果酱以及杏酱食用。炸好后趁热享用吧。

材料（方便制作的分量）

切片面包（4片装）……2片
食用油……适量
糖粉……适量
〈蛋奶混合液〉
鸡蛋……2个
牛奶……120毫升
细砂糖……40克
香草荚……1/4根

做法

1. 制作蛋奶混合液（参考第99页）。
2. 将切片面包切成4等份，装入带封口的耐热保鲜袋，注入蛋奶混合液。挤出袋中空气后锁住封口（见图①）。

在冰箱中冷藏2小时至一夜。

3. 食用油加热至180摄氏度，将沾满蛋奶混合液的面包放入油中炸（见图②）。炸至两面金黄后捞出装盘。
4. 撒上大量糖粉后即可享用。

面包切好后再浸泡蛋奶混合液，切割尺寸根据个人口味随心选择。

油炸时，不时地翻动面包以确保面包通身炸至金黄。待面包呈现膨胀感后即可捞出。

蓬松得像甜甜圈！

烤箱版法式烤吐司

准备好的法式烤吐司也可以切成小块，一次烘焙成型。大小方便单手抓着吃，适合作为小点心。即便凉透了，美味也依旧不减。尽管材料完全相同，但是单单改变尺寸和烤制方法，便可成就截然不同的风味。切成一口大小的短棍面包也可以用这种方法加工。

材料（方便制作的分量）

切片面包（4片装）……2片
无盐黄油……适量
枫糖浆……适量
〈蛋奶混合液〉
鸡蛋……2个
牛奶……160毫升
细砂糖……40克
香草荚……1/4根

做法

1. 制作蛋奶混合液（参考第99页）。
2. 将切片面包切成9等份，装入带封口的耐热保鲜袋，注入蛋奶混合液。挤出袋中空气后锁住封口（见图①）。在冰箱中冷藏2小时至一夜。
3. 烤盘上垫烘焙纸，码上面包块，表面涂上恢复至常温的无盐黄油（见图②）。放入240摄氏度预热过的烤箱中，烘烤约10分钟。
4. 装盘，淋上枫糖浆后食用。

面包切好后再浸泡蛋奶混合液，也可以根据个人口味选择不切割。在不切割的情况下，要对烘焙时间进行调整。

涂上厚厚的黄油是变美味的一大关键要素。涂得足量了，面包才能烤得香。

感觉像酥脆小点心！

香橙味法式烤吐司

如果将蛋奶混合液中的牛奶替换成橙汁，烤制而成的法式烤吐司就会呈现出大不一样的果香。
君度橙酒有一种成熟的香气，葡萄干也能起到不错的点缀作用。
香橙清新的酸味与蜂蜜的清新甜味堪称绝配，尤其推荐使用柑橘系花蜜。

材料（2片用量）

葡萄干切片面包（枕形面包/25毫米厚）……2片
无盐黄油……12克
〈蛋橙混合液〉
鸡蛋……2个
橙汁……160毫升
蜂蜜（最好是柑橘系花蜜）……20克
君度橙酒……2小匙

做法

1. 制作鸡蛋与橙汁的混合液。鸡蛋打入盆中，加蜂蜜混合。加入橙汁和君度橙酒搅打均匀，用细眼笊篱或漏勺过滤。

2. 葡萄干切片面包装入耐热保鲜袋，将蛋橙混合液注入袋中，排出空气后封口，放入冰箱冷藏2小时至一夜。

3. 平底锅融化一半无盐黄油，放入沾满蛋橙混合液的面包中火煎烤。煎烤上色后翻面，加入剩下的无盐黄油煎烤至两面焦黄。

4. 将煎烤过的面包放入烤盘，送入180摄氏度预热过的烤箱，烘烤约10分钟。

5. 装盘，淋上蜂蜜后享用。

清爽的果香！

豆乳和风法式烤吐司

用豆乳制作的法式烤吐司，增添了一丝蔗糖带来的柔和甘甜。再配上和黄豆粉一同煮的红豆，适宜作
为搭配绿茶或煎茶的茶点。
装盘后适合用红糖浆来提味，同时推荐大家再放一个抹茶冰激凌在上面。

材料（2片用量）

切片面包（4片装）……2片
无盐黄油……12克
煮红豆……适量
红糖浆……适量
黄豆粉……少许
〈鸡蛋豆乳混合液〉
鸡蛋……2个
豆乳……180毫升
蔗糖……40克

做法

1. 制作鸡蛋豆乳混合液。鸡蛋打入盆中并搅打均匀，另取一个盆倒入豆乳，加蔗糖搅拌均匀，煮至临近沸腾，将蛋液倒入豆乳中快速混合均匀。用细眼笊篱或者漏勺过滤。

2. 切片面包切去面包边后对半切开，装入带封口的耐热保鲜袋中，注入鸡蛋豆乳混合液，挤出袋中空气后封口，放进冰箱冷藏2小时至一夜。

3. 平底锅中融化一半无盐黄油，放入裹满鸡蛋豆乳混合液的面包，中火煎烤。煎烤上色后翻面，加入剩下的无盐黄油煎烤至两面焦黄。

4. 将煎烤过的面包放入烤盘，送入以180摄氏度预热过的烤箱，烘烤约10分钟。

5. 装盘，用茶粉筛筛入黄豆粉，放上煮红豆，淋上红糖浆后即可享用。

温润的日式风味！

法式烤吐司【长时间浸泡做法】 ✕ 切片面包 + 食材改造！

黄桃覆盆子磅蛋糕风法式烤吐司

烤成磅蛋糕形态的法式烤吐司口感与蛋糕毫无二致。制作的要点在于将面包边填充在侧面，吸收蛋奶混合液后形状不会垮塌，放凉了也能保持高度，切开后横截面也很漂亮。以冰激凌糖水桃子为印象的组合方式，无论色彩还是风味，都无可挑剔。刚烤好时，面包形状容易塌掉，建议冷却后享用。无论是常温还是冷藏，都十分美味。

材料

（长210毫米、宽80毫米、高60毫米磅蛋糕模具用量）

切片面包（4片装）……3片
黄桃（罐装，切小块）……250克
覆盆子果酱……80克
卡仕达奶油（参考第28~29页）……80克
烤扁桃仁片……15克
〈蛋奶混合液〉
鸡蛋……3个
牛奶……200毫升
细砂糖……50克
香草荚……1/3根

做法

1. 制作蛋奶混合液（参考第99页）。

2. 切片面包切去面包边，对半切开。面包边用来填充在侧面。

3. 将处理好的面包放在方盘里，浇上蛋奶混合液。轻轻按压面包，促进蛋奶混合液的吸收。注意面包边也要吸饱蛋奶混合液。

4. 将烘焙纸铺在磅蛋糕模具里，将处理过的面包放进去。各取两片对半切开的面包和面包边，分别放置在中央和侧面，每放完一层就抹上一层卡仕达奶油，放一半黄桃块，用覆盆子果酱填充黄桃块的空隙，再撒上1/3的烤扁桃仁片。重复上述操作，完成第二层的摆放。

5. 用剩下的面包封顶，放上剩下的烤扁桃仁片。

6. 放入180摄氏度预热过的烤箱，烘烤45分钟。烘烤时面包会膨胀，过程中可酌情将上面的面包轻轻地按下去。

7. 烤好后放在模具中冷却。待凉透后，切成自己喜欢的厚度。

给铺在模具里的烘焙纸留出足够的高度，就不用担心面包会烤到变形垮塌。

卡门贝尔奶酪配苹果的法式烤吐司烙菜

用烙菜烤盆烹制的法式烤吐司适合作为多人分享的派对餐品。卡门贝尔奶酪与苹果的组合与葡萄干切片面包搭配颇为合适，风味成熟，不至于过分甜腻，同时保留了卡尔瓦多斯酒的香气。根据时令替换成当季的水果和奶酪亦是不错的变化。

材料(容量1升的烙菜烤盆1份的用量)

葡萄干切片面包（枕形面包/15毫米厚切片）……5片
苹果……120克
卡门贝尔奶酪……125克
无盐黄油……15克
烤核桃仁……12克
蜂蜜……适量
〈蛋奶混合液〉
鸡蛋……2个
牛奶……160毫升
细砂糖……40克
香草荚……1/4根
卡尔瓦多斯酒……1大匙

做法

1. 制作蛋奶混合液（参考第99页），加入卡尔瓦多斯酒混合均匀。
2. 葡萄干切片面包对半切开。
3. 将切开的面包放入方盘，倒入制作好的混合液。不断翻动并轻轻按压面包，使其吸饱混合液。
4. 在烙菜烤盆内壁涂上1/3的无盐黄油，将面包垫在里面。
5. 苹果切成7毫米的片，卡门贝尔奶酪切成呈放射状的12等份。在葡萄干切片面包之间交替塞入苹果片和卡门贝尔奶酪，撒上粗略切过的烤核桃仁。将剩下的无盐黄油切成末后撒在上面。
6. 放入180摄氏度预热过的烤箱，烤制约30分钟。待卡门贝尔奶酪融化，表面呈焦黄色取出。
7. 淋上蜂蜜点缀提味，切成喜欢的大小。

搭配红酒享用！

咸味法式烤吐司 ╳ 切片面包

咸味法式吐烤司，法语原文 Pain perdu salé 中 salé 是"咸味"的意思，顾名思义，这种法式烤吐司是咸口的。鸡蛋和牛奶用食盐调味的方式和欧姆蛋、法式咸派如出一辙，当然也适合面包。

因为蛋奶混合液的用量较少，即使浸泡时间较短也能很快拿来烹制。此外，面包的中心部分还残留着面包自身的蓬松口感，吃起来完全是轻食的感受。面包表面撒上大量的帕尔马奶酪增添了浓郁芳香，一口吃下去将收获无限的满足感。

材料（2片用量）

切片面包（5片装）……2片

无盐黄油……12克

帕尔马奶酪（粉末）……2~3大匙

黑胡椒……少许

〈蛋奶混合液〉

鸡蛋……1个

牛奶……80毫升

食盐……少许

白胡椒……少许

做法

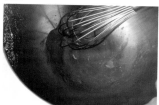

1 制作蛋奶混合液。鸡蛋打入盆中，加食盐搅打均匀。

2 将牛奶注入蛋液里，混合均匀。

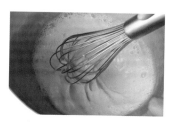

3 加入白胡椒调味。

4 用细眼笊篱或漏勺过滤混合液，去掉蛋黄系带等杂质，让质地更加细腻，便于被面包吸收。

5 切片面包放入方盘，将蛋奶混合液浇在面包上。

6 将切片面包立起来，让面包边也充分吸收蛋奶混合液。

7 相较于甜口的法式烤吐司，蛋奶混合液的量较少，短时间内就能被面包完全吸收。

8 面包两面撒上帕尔马奶酪。

9 平底锅中融化一半无盐黄油，放入面包煎烤。

10 面包煎烤至上色后翻面，加入剩下的无盐黄油，煎烤至两面焦黄。

11 将面包立起来，将面包边也煎烤上色。装盘后，根据个人口味再撒上帕尔马奶酪（原料表外）和黑胡椒。

咸味法式烤吐司 ✕ 切片面包 + 食材改造！

咸味法式烤吐司早餐拼盘

以咸味法式烤吐司作为主食，放上一个煎蛋，半熟的蛋黄作为酱汁包裹面包，那早餐就太美味了。再
配上煎烤到酥脆的培根和蔬菜沙拉，简直完美。
用正常量的蛋奶混合液做小尺寸的切片面包，鸡蛋的风味会更加浓郁。
喜欢的话，也可以换成水波蛋或者西式炒蛋。

材料（1片用量）

切片面包（小/25毫米厚切片）……1片
无盐黄油……8克
帕尔马奶酪（粉末）……1大匙
半熟煎蛋（参考第21页）……1片
培根……2片
蔬菜嫩叶……适量
食盐……少许
黑胡椒……少许
咸味蛋奶混合液（参考第107页）……1/2
单位量

做法

1. 制作蛋奶混合液（参考第107页）。

2. 面包放入方盘，将蛋奶混合液浇上去。
   不断地翻面，轻轻按压，使整片面包
   吸饱蛋奶混合液。等面包边也吸饱后，
   两面都撒上帕尔马奶酪粉末。

3. 平底锅中融化一半黄油，放入面包，
   中火煎烤至上色后翻面，加入剩下的
   无盐黄油煎烤至两面焦黄。

4. 培根煎烤到两面焦黄发脆。

5. 将烤吐司装盘，在上面放一个半熟煎
   蛋。煎蛋上撒食盐和粗磨黑胡椒，配
   上培根和蔬菜嫩叶。

适合周末的早午餐！

基督山伯爵三明治

用法式烤吐司的做法将火腿奶酪三明治加工成美国版法式三明治。除火腿外，火鸡肉片也是经典搭配，有的做法还会对其进行炸制。

撒上糖粉，配上莓类果酱是标配。美味的秘诀在于放上足量的果酱，甜中带咸，令人食欲大开。

材料(1片用量)

切片面包（6片装）……2片

无盐黄油……16克

火腿片……20克

碎奶酪（最好能有2片格吕耶尔奶酪或爱蒙塔尔奶酪）……36克

莓类果酱（覆盆子、蓝莓等，根据喜好选择）……适量

糖粉……少许

咸味蛋奶混合液（参考第107页）……1/2单位量

做法

1. 制作蛋奶混合液。

2. 切片面包各取一面分别涂上3克无盐黄油，在其中一片上按照碎奶酪、火腿、碎奶酪的顺序码放三层，用另一片面包夹起。

3. 将夹心面包放入方盘，淋上蛋奶混合液，翻面按压，促使混合液完全被面包吸收。

4. 平底锅中融化5克无盐黄油，用中火将面包煎烤至上色后翻面，加入剩下的无盐黄油将面包煎烤至两面焦黄。

5. 在成品上用茶粉筛筛上糖粉，切成4等份后装盘，搭配果酱享用。

果酱够够的！

火腿鸡蛋西蓝花奶酪三明治蛋糕

所谓三明治蛋糕，是将法式三明治与咸味蛋糕融合造就的料理，也是将浸泡蛋奶混合液的面包装入磅蛋糕模具后烤制而成的。适用于再次利用放到变硬的面包，可谓法式烤吐司的进化形态。
火腿和奶酪是标准配置。要是在食材搭配上下一番功夫，切片后的横截面也能带来惊喜。

材料

（长210毫米、宽80毫米、高60毫米的磅蛋糕模具用量）

切片面包（5片装）……3片
火腿……60克
贝夏梅尔酱（参考第79页）……90克
添加西蓝花的鸡蛋沙拉※……1单位用量
碎奶酪……45克　意大利香芹……少许
〈蛋奶混合液〉
鸡蛋……3个　牛奶……200毫升
食盐……1/4小匙　白胡椒……少许

※ 添加西蓝花的鸡蛋沙拉
将2个全熟水煮蛋（参考第2~3页）粗略切碎，撒上食盐和白胡椒，加入30克蛋黄酱混合均匀。另取30克用盐水汆烫断生的西蓝花粗略切碎，加入鸡蛋沙拉，搅拌均匀。

做法

1. 制作蛋奶混合液（参考第107页）。
2. 切片面包切去面包边，对半切开。面包边用来填充在侧面。
3. 将处理好的面包放在方盘里，浇上蛋奶混合液。轻轻按压面包，加快蛋奶混合液的吸收。注意面包边也要吸饱。
4. 将烘焙纸铺在磅蛋糕模具里，将面包放进去。各取两片对半切开的面包和面包边，分别放置在中央和侧面，每放完一层，按照一半贝夏梅尔酱、火腿片、一半西蓝花鸡蛋沙拉的顺序进行码放，再撒上1/3的碎奶酪。重复上述操作，完成第二层的摆放。
5. 用剩下的面包封顶，上面放剩下的碎奶酪。
6. 放入180摄氏度预热过的烤箱中烘烤45分钟。烘烤过程中，面包会膨胀，过程中酌情将上面的面包轻轻地按下去。
7. 烤好后放在模具中冷却。待凉透后，切成自己喜欢的厚度。

只要给铺在模具里的烘焙纸留出足够的高度，就不用担心面包会烤变形垮塌。

卡布里沙拉风味法式烤吐司焗菜

将法式烤吐司塞进焗菜烤盆里烤制，就成了一道派对上的美食。
用番茄搭配马苏里拉奶酪、罗勒，调配出卡布里风情，口味清新，适宜搭配葡萄酒。用生火腿衬托出
盐味，再淋上足量的橄榄油，会呈现一种和谐。当然，这道美食也适合搭配时令食材。

材料（容量1升的焗菜烤盆，1份用量）

切片面包（8片装）……3片
小番茄……100克
马苏里拉奶酪……100克
生火腿（意大利熏火腿）……3片
罗勒（大叶）……3~4片
特级初榨橄榄油……20毫升
〈蛋奶混合液〉
鸡蛋……2个
牛奶……160毫升
食盐……少许
白胡椒……少许

做法

1. 制作蛋奶混合液（参考第107页）。
2. 切片面包带面包片切成8等份，放入盘中，淋上蛋奶混合液，进行浸泡。
3. 焗菜烤盆内壁涂上1/3用量的特级初榨橄榄油，将面包填充进去。
4. 生火腿撕碎，填充在面包当中。放上对半剖开的小番茄和马苏里拉奶酪，淋上剩下的橄榄油。

5. 放入180摄氏度预热过的烤箱中烤约30分钟。待马苏里拉奶酪融化，表面呈焦黄色后取出。
6. 出炉后点缀上撕碎的罗勒叶。切成自己喜欢的大小，再淋上特级初榨橄榄油（原料表外）。

小番茄要剖面向上放置，这样烘烤时其中的水分不会过分流失，最终得到多汁的半干状小番茄。

用来配白葡萄酒吧！

法式烤吐司 ✕ 面包边

面包边布丁

不经意间，面包边总会多出一堆来。面包边油炸后撒上砂糖做成面包干算是标准做法了，但毕竟太像过去那种节俭的点心。能彻底打破这一印象的，就是这款面包边布丁。

原材料只使用面包边，搭配洋溢着香草芬芳的蛋奶混合液。连同模具一同放进冰箱冷藏一整晚，让面包边充分吸收蛋奶混合液，再隔水慢慢烘烤。面包边独有的香味和恰到好处地保留下来的口感是关键，切开后呈马赛克状的横截面也极具魅力。即便家中没有多余的面包边，也忍不住想专门做来解馋。

材料（长210毫米、宽80毫米、高60毫米的磅蛋糕模具用量）

切片面包的面包边……180克

无盐黄油……适量

枫糖浆……适量

尚蒂伊鲜奶油（参考第99页）……适量

〈蛋奶混合液〉

鸡蛋……3个

蛋黄……1个

牛奶……300毫升

细砂糖……60克

香草荚……1/3根

做法

1. 较薄的面包边维持原样，取4～5片较厚的面包的边沿中线切成细长条，取1/3对半切（见图①）。

2. 制作蛋奶混合液（参考第99页）。磅蛋糕模具内壁涂抹无盐黄油，交替放入面包边和蛋奶混合液。轻压面包边，让面包边在吸收蛋奶混合液的同时，填满模具内的空间（见图②）。封上保鲜膜，放入冰箱中冷藏一整夜，让面包边彻底吸收蛋奶混合液。

3. 铝箔内侧涂抹无盐黄油，盖在磅蛋糕模具上，放入180摄氏度预热过的烤箱中，隔水烘烤45分钟。

4. 出烤箱后揭掉铝箔，带模具一同冷却（见图③）。此时上半部分会因热量膨胀，彻底冷却后会变平。冷却后放入冰箱冷藏。

5. 切成喜欢的厚度装盘，配上尚蒂伊鲜奶油，淋上枫糖浆。

①

②

③

史上最棒的
面包边食谱！

05

适合搭配鸡蛋的
面包种类与组合

【切片面包的种类】

切片面包是日本的餐食面包代表。将面团放入模具中烤制，内部湿润蓬松，外壳香酥不硬，入口即化是其特征。

切片面包的基底是普通的面团，不挑与之组合搭配的食材。它是像日本的主食米饭一样的存在，完全可以作为日常饮食的一部分，每天出现在寻常人家的餐桌上。

将烘焙好的切片面包切成喜欢的厚度，既可直接食用，也可以做成烤吐司或三明治。随心搭配与自由改造是其魅力所在。本书会以搭配鸡蛋的基础面包作为切入点，讲解多种多样的搭配手法。

基础切片面包

一切切片面包的基础，也是最为常见的切片面包。烘焙时，模具要加盖，面包芯的质地湿润绵软，是三明治的必要食材，同时也适合做成烤吐司。切片厚薄随意，搭配自由，乐趣多多。

全麦切片面包

使用小麦全麦粉制成，是一款含有丰富膳食纤维的健康面包，近年来广受推崇，特征是朴素的味道和香气。它也被称作"格雷厄姆面包"。

黑麦切片面包

用黑麦粉烘焙而成的风味浓郁的面包，适宜做三明治，食用时切成薄片为宜。此面包是乳制品和鱼贝类的好搭档，联袂呈现个性鲜明的风味。

＊本书中使用的是添加了小茴香的黑麦切片面包。

山形切片面包

烘焙时模具不加盖，使得上部垂直膨胀延展成小山状，由此得名，别称英式面包。与切片面包相比，纹理较粗，制成烤吐司后会呈现酥脆的口感。

枕包切片

将面团放置在矩形面包模具中烘焙而成，外形呈枕头状。和一般的切片面包相比，尺寸较小，适合与不同尺寸的食材灵活搭配。

葡萄干切片面包

在面团中加入辅料便能衍生出各种各样的变化，其中最容易买到也最容易搭配的当属葡萄干切片面包。葡萄干的酸味和甜味很好地起到了点缀的作用，适合做三明治和法式烤吐司。

＊本书中用的是用矩形模具烘焙成的枕形小号葡萄干切片面包。

【切片面包的种类与鸡蛋沙拉的搭配程度考察】

鸡蛋与面包的组合搭配的基础，在于和切片面包的组合搭配。这里以第2章介绍的"水煮蛋×切片面包"的做法（参考第40~57页）为例，从最基本的搭配组合开始探索。

首先基于基础切片面包与基础鸡蛋沙拉的组合搭配，将面包拓展至全麦切片面包和黑麦切片面包，探索符合其各自特性的搭配。我们将从切片面包的厚度、鸡蛋颗粒的大小、调味均衡等角度逐一对其分解再构筑。

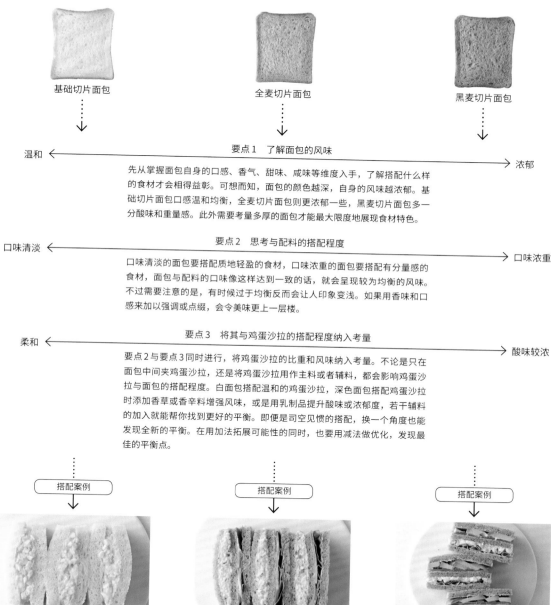

基础切片面包　　　　　　　　　　全麦切片面包　　　　　　　　　　黑麦切片面包

温和 ←——————————— 要点1　了解面包的风味 ———————————→ 浓郁

先从掌握面包自身的口感、香气、甜味、咸味等维度入手，了解搭配什么样的食材才会相得益彰。可想而知，面包的颜色越深，自身的风味越浓郁。基础切片面包口感温和且均衡，全麦切片面包则更浓郁一些，黑麦切片面包多一分酸味和重量感。此外需要考量多厚的面包才能最大限度地展现食材特色。

口味清淡 ←——————————— 要点2　思考与配料的搭配程度 ———————————→ 口味浓重

口味清淡的面包要搭配质地轻盈的食材，口味浓重的面包要搭配有分量感的食材，面包与配料的口味像这样达到一致的话，就会呈现较为均衡的风味。不过需要注意的是，有时候过于均衡反而会让人印象变浅。如果用香味和口感来加以强调或点缀，会令美味更上一层楼。

柔和 ←——————————— 要点3　将其与鸡蛋沙拉的搭配程度纳入考量 ———————————→ 酸味较浓

要点2与要点3同时进行，将鸡蛋沙拉的比重和风味纳入考量。不论是只在面包中间夹鸡蛋沙拉，还是将鸡蛋沙拉用作主料或者辅料，都会影响鸡蛋沙拉与面包的搭配程度。白面包搭配温和的鸡蛋沙拉，深色面搭配鸡蛋沙拉时添加香草或香辛料增强风味，或是用乳制品提升酸味或浓郁度，若干辅料的加入就能帮你找到更好的平衡。即便是司空见惯的搭配，换一个角度也能发现全新的平衡。在用加法拓展可能性的同时，也要用减法做优化，发现最佳的平衡点。

搭配案例　　　　　　　　　　搭配案例　　　　　　　　　　搭配案例

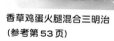

基础鸡蛋沙拉三明治
（参考第40、42页）

带有清新甜味的面包和基础鸡蛋三明治，是寻常又温和的组合。

香草鸡蛋火腿混合三明治
（参考第53页）

香草的芳香衬托出面包的朴素风味，与乳制品的酸味与浓郁达到平衡。

鸡蛋三文鱼牛油果黑麦三明治
（参考第57页）

黑麦的酸味、乳制品的酸味与浓郁、烟熏的焦香相辅相成，悠长浓厚。

【切片面包的厚度与搭配方法】

4片装

5片装

6片装

8片装

10片装

12片装

用4片装切片面包······

→

做西式炒蛋三明治！
(参考第70页)

用1片来做烤吐司、法式烤吐司等。也可以用来做口袋三明治。

用5片装切片面包······

→

做酱蛋三明治！
(参考第51页)

充分应用其厚度，做夹心层厚实的三明治。也可以取1片来做烤吐司或法式烤吐司。

用6片装切片面包······

→

做鸡蛋鸡肉蔬菜条沙拉三明治！
(参考第49页)

取2片来做配料丰富的厚实三明治。口感满分。

用8片装切片面包······

→

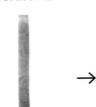

做鸡蛋玉米沙拉三明治！
(参考第50页)

两片叠在一起也不会太厚，适合做中等分量的三明治。拿不定主意的时候就用8~10片装吧。

用10片装切片面包······

→

做细腻鸡蛋沙拉三明治！
(参考第41、43页)

用2片不少，用3片也不会太多的万能厚度。拿不定主意的时候就用8~10片装吧。

用12片装切片面包······

→

做切片鸡蛋火腿生菜混合三明治！
(参考第54页)

适合制作精致且简易的三明治的厚度。用2片可以做茶点三明治，用3片也很方便入口。

【番外篇 吐司改造】
将4片装的切片面包中间挖空后……

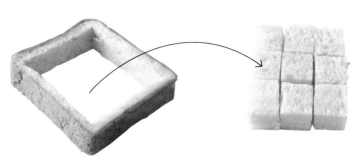

做成凯撒沙拉风烤吐司！（参考第85页）

与面包边之间留出7毫米的空隙，用小刀将厚切片面包的中心部分抠出来，切成一口左右的大小，和面包边分别烘烤。搭配鸡蛋和蔬菜，就成了一道轻奢的菜品。

【不同面包刀的使用方法】

如果只能从这些面包刀中选出一把的话，首推这把刀刃带波浪锯齿的万能面包刀。从大个头的法式田园面包到法棍面包都能利落地切开。

锯齿刃的小刀适合切割尺寸较小的面包或者挖空切片面包。进行细致切割时有一把就趁手多了。刀刃较短，不适合切割体积较大的面包。

尖端带锯齿，主体是平刃的面包刀，尽管不适合切割法棍等表面较硬的面包，但是能将长面包切得无比平整。适合切割切片面包，用于制作三明治。

小巧的鹰嘴剃刀通常不用于切割面包，但非常适合精细操作，比如方便快速地掏空布里欧修。

用锯齿刃切割较柔软的面包，容易留下毛糙的切口，加速表面干燥。切割切片面包适合用平刃的刀。制作三明治前，记得先把刀刃磨得足够锋利。

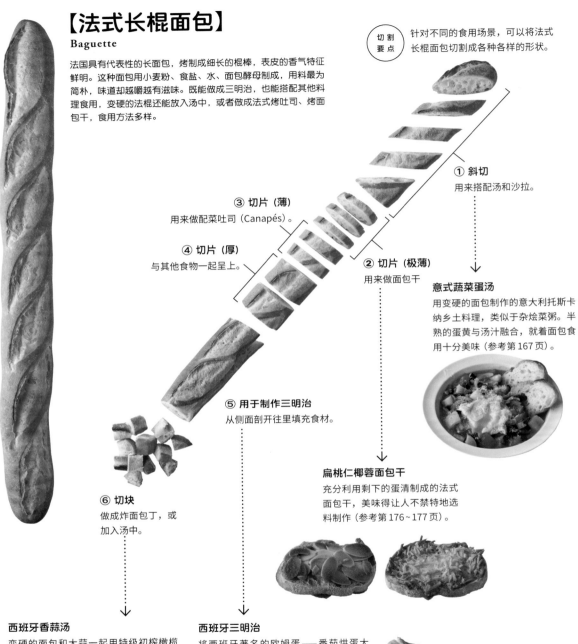

【法式长棍面包】

Baguette

法国具有代表性的长面包，烤制成细长的棍棒，表皮的香气特征鲜明。这种面包用小麦粉、食盐、水、面包酵母制成，用料最为简朴，味道却越嚼越有滋味。既能做成三明治，也能搭配其他料理食用，变硬的法棍还能放入汤中，或者做成法式烤吐司、烤面包干，食用方法多样。

切割要点 针对不同的食用场景，可以将法式长棍面包切割成各种各样的形状。

③ 切片（薄）
用来做配菜吐司（Canapés）。

④ 切片（厚）
与其他食物一起呈上。

① 斜切
用来搭配汤和沙拉。

② 切片（极薄）
用来做面包干

意式蔬菜蛋汤
用变硬的面包制作的意大利托斯卡纳乡土料理，类似于杂烩菜粥。半熟的蛋黄与汤汁融合，就着面包食用十分美味（参考第167页）。

⑤ 用于制作三明治
从侧面剖开往里填充食材。

⑥ 切块
做成炸面包丁，或加入汤中。

扁桃仁椰蓉面包干
充分利用剩下的蛋清制成的法式面包干，美味得让人不禁特地选料制作（参考第176~177页）。

西班牙香蒜汤
变硬的面包和大蒜一起用特级初榨橄榄油炒香烹制而成的西班牙汤食，主要原料是面包哦（参考第166页）！

西班牙三明治
将西班牙著名的欧姆蛋——番茄烘蛋大胆地塞进法棍，就成了名吃"西班牙三明治"。完全烤透的欧姆蛋搭配长棍面包，细嚼慢咽中透着满满的美味。

做法 长棍面包内侧涂上特级初榨橄榄油，填充西班牙土豆饼（参考第164页），淋上足量的番茄奶油酱（参考第168页）。

【法式小棍面包】

Ficelle

Ficelle在法语中有"细绳"的含义，相较于长棍面包，用相同的面团制成的法式小棍面包要更纤细一些。体积较小，方便入口，适宜用来制作三明治。

切割要点

从侧面中线偏上的位置切入，将小棍面包划开。

鲜虾鸡蛋紫甘蓝小棍三明治

做法 小棍面包内侧涂抹无盐黄油，将紫甘蓝、全熟水煮蛋、去壳虾（水煮）按顺序码放。淋上足量的奥罗拉酱（参考第27页）。

【越南法棍面包】

Bánh mì

顾名思义，越南法棍面包是一种具有越南风情的法式面包。面包皮较薄，口感酥脆轻盈，可以用法式软面包或者法式小棍面包代替。

切割要点

从侧面中线偏上的位置切入，将越南法棍面包划开。

煎蛋越南法棍三明治

只是改变一下搭配的调味料，寻常的煎蛋就会变得充满越南风味！（参考第139、141页）

【法式短棍面包】

Batard

用和法式长棍面包相同的面团烤制而成，形状显得粗短。是一种面包芯占比较大，容易入口，与香气四溢的面包皮形成均衡口感的法式面包。

切割要点

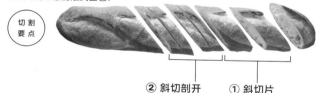

② 斜切剖开

在斜切片的基础上再划一刀剖开，用来做三明治。

① 斜切片

适合搭配料理或制作法式烤吐司。

法式番茄甜椒蛋短棍三明治

做法 在斜切后划开的法式短棍面包内侧涂上特级初榨橄榄油，夹上芝麻菜、生火腿和番茄甜椒炒蛋（参考第163页）。

【法式圆面包】

Boule

将法式长棍面包的面团搓成圆形烤制而成的面包。口感与法式短棍面包类似，适合喜欢吃面包芯的人。活用其浑圆的外形，不同的切法能带来不同的变化（参考第130页）。

切割要点

从中心向四周以放射状切割，这样面包皮和面包芯的占比较为均衡。

121

【法式乡村面包】

Pain de campagne

法国乡村的朴素面包，通常做成较大的圆形或者海参形，制作者的手艺决定其形状和风味。质地厚实的法式乡村面包，适合切成薄片后搭配其他食材做成法式三明治；质地轻盈的法式乡村面包，像法式短棍面包那样切片后用于制作三明治想必也不错。

（海参形）

切割要点

制作面包片需要切成12毫米左右的厚度，横截面尺寸较大的话，再对半斜切一刀，以方便食用。

牛油果水波蛋烤面包片

做法 牛油果用餐叉背面粗略地碾成泥，加柠檬汁和特级初榨橄榄油、食盐、白胡椒、辣椒粉调味。将切成薄片的法式乡村面包稍加烘烤，抹上足量的牛油果泥，放上水波蛋（参考第22~23页），然后淋上酸奶油蛋黄酱（参考第27页），将香葱切成末和辣椒粉一道撒在上面作为点缀。

切割要点

搭配其他料理时，可以根据喜好切成需要的大小。用于制作三明治时，将面包切成30毫米左右的厚度，中间再划一刀切开，填充食材。

【法式黑麦面包】

Pain de seigle

法国的黑麦面包，黑麦占比较高，烤制的成品颜色较深，质地厚实，很有分量感。有着淡淡的酸味和独特的口感，能有效衬托出料理和葡萄酒的美味。

切割要点 切成10毫米左右厚的面包片。

勃艮第葡萄酒酱鸡蛋

加入大量葡萄酒的汤汁绵滑浓郁，微带酸味，与法式黑麦面包的酸味相辅相成，烘托出成熟风味（参考第162页）。

【德式黑麦面包】

Roggenmischbrot

黑麦占比较高的德国传统黑麦面包，纹理细密，有分量，质地湿润，和黄油、奶酪、火腿是最佳搭档，适合用来制作三明治。

切割要点 在8~12毫米的范围内，根据自己的喜好切成薄片。

虾仁鸡蛋开放式三明治
使用刀叉食用的丹麦开放式三明治。虾仁与鸡蛋是经典搭配，辅以黑麦面包的酸味，会勾起人的食欲（参考第150、152页）。

【柏林乡村面包】

Berliner Landbrot

柏林风味的乡村面包，外观呈扁平的椭圆形，特征是表面有裂纹。口感湿润，富有嚼劲，像德式黑麦面包一样，与奶酪和火腿是绝配，适合用来制作三明治。

切割要点 在8~12毫米的范围内，根据自己的喜好切成薄片。

白芦笋配荷兰酱
这是德国人非常喜爱的春季美食。白芦笋配上大量的荷兰酱，与带着酸味的柏林乡村面包相得益彰（参考第170页）。

【可颂面包】
Croissant

可颂面包是法式早餐的必备品。将黄油抹在面团上层层折叠，烤成千层派一般层次分明的形状。烤到面包皮香酥脆口，软面包芯洋溢着黄油芳香，两种口感的对比令其魅力十足。在法国，可颂面包基本都是直接食用，很少拿来制作三明治。

切割要点 顺着面皮卷起的方向切，表皮就不容易剥落。下刀位置为可颂面包背部（左图中可颂面包的上半部），且并非完全水平下刀，而是从上方斜着往下切。在这样的切口填入搭配的食材后，还能看到面包内部的纹理结构。

烟熏三文鱼西式炒蛋可颂三明治

做法 可颂面包沿水平方向切开，内侧涂抹无盐黄油，按顺序填入芝麻菜、西式炒蛋（参考第16~17页）、酸奶油蛋黄酱（参考第27页）、烟熏三文鱼片。

【维也纳面包】
Pain viennois

烤制完成后表面有细致雕刻面团形成的沟壑，很有特点，是略带甜味的半硬面包。口感偏酥脆，不粘牙，内部满是密密麻麻的气孔，外形细长，亦很方便入口，适合做成三明治。适宜搭配质地较软的食材，和鸡蛋也很搭。

切割要点 刀身保持水平，从上方略斜着下刀，切开侧面。

萨拉米鸡蛋维也纳面包三明治

意式香肠馥郁的风味，借由水煮蛋和酸奶油蛋黄酱实现了平衡统一。这种搭配方式有点类似白餐包夹鸡蛋火腿（参考第126页），却呈现了截然不同的法国风味（参考第147、149页）。

【球顶布里欧修】
Brioche à tête

布里欧修是一种用鸡蛋和大量黄油制成的较为奢侈的法式面包，形式变化丰富，在法国一般搭配鹅肝酱和香肠。在日本，布里欧修给人的印象更像甜点，但也可以当作正餐食品。球顶布里欧修是其中经典的一款，烤制这款面包要将面团塞进花瓣状的模具，成品顶上带一个小球。

切割要点 切掉上部小球，沿着切面将下部抠出一个球形的坑。

香橙味布里欧修烙菜

在挖空的布里欧修内部填满橘皮果酱和奶油奶酪烤制而成，要是在面包的种类和使用方法上下功夫，会让人误认为这是一道经典菜品（参考第182~183页）。

包馅布里欧修

做法 球顶布里欧修切去上部的小球，下部掏空，用香草鸡蛋沙拉（参考第52页）进行填充，再盖上切下的小球，也可以填充水果和奶油做成甜点（参考第180~181页）。

【楠泰尔布里欧修】
Brioche Nanterre

用模具烤制成切片面包形状的布里欧修，可以切片，因此广泛用于制作三明治或法式烤吐司。

切割要点 制作三明治时切成12毫米左右的厚度，制作法式烤吐司时则需要切成20~30毫米的厚度。

 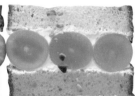

楠泰尔布里欧修水果三明治
用富含鸡蛋与黄油的楠泰尔布里欧修制成的水果三明治有着极为醇厚的口感（参考第178~179页）。

【潘多洛】
Pan doro

用大量鸡蛋和黄油烤制而成，口感绵软丰厚，是意大利圣诞节必备的发酵点心。Pan doro在意大利语中是"黄金的面包"的意思，正如其名，面团呈鲜艳的黄色。烤制成星形不只是为了好看，也是为了熟得更彻底。撒上满满的糖粉就可以直接当点心吃。

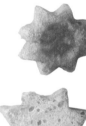

切割要点 基本切法是沿每个棱角以放射状切开，如果横着切开，就能得到一系列大小不一的星形切片。

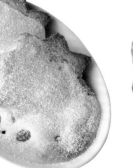

莓果萨巴雍酱焗潘多洛
用潘多洛制作的甜点焗饭，星星的形状令人印象深刻。可以做一大份与朋友分享（参考第175页）。

【白餐包】

以方便学校配餐的尺寸被普及开来，是日本特有的一种软面包。没有明显特点，故不挑搭配的食材，既可以搭配甜食，也可以与日常菜品结合。方便入口的形状与淡淡的清甜营造出适中的口感，便于食用，近年来作为符合日本人口味的面包重新被重视起来。

切割要点

背切法 从上部向下切一刀，夹起食材后，面包向左右两侧打开，容易看到里面的东西，便于营造出食材的分量感。搭配的食材一目了然，不过如果夹的东西太多，吃起来反而会费劲。

切割要点

腹切法 横着从侧面切开，只是涂抹填充物的话，水平沿直线剖开。如果要夹其他食材，切时从偏上方位置斜着切入，这样一来上半个面包会盖住食材，即便填充的量很大，也不至于无从下口。

白餐包酱蛋沙拉配香菜

做法 用背切法将白餐包切开，内侧涂抹无盐黄油，填入酱蛋沙拉（参考第 7 页），撒上切碎的香菜作为点缀。

白餐包夹炸虾饼塔塔酱

做法 用背切法将白餐包切开，内侧涂抹无盐黄油，填入叶生菜、炸虾饼、塔塔酱（参考第 27 页）。

白餐包夹鸡蛋火腿

做法 用腹切法将白餐包切开，内侧涂抹无盐黄油，填入叶生菜、火腿和基础鸡蛋沙拉（参考第 42 页）。

【佛卡夏面包】
Focaccia

意大利的简朴板烧面包。在擀平的面团上涂橄榄油，用手指按出凹陷后烤制而成。口感香酥，不粘牙，橄榄油的香气能起到衬托搭配食材的作用。常见的是那种摊成一大块，烤熟后切分的坐垫形佛卡夏，较小的圆形佛卡夏面包适合做成三明治。

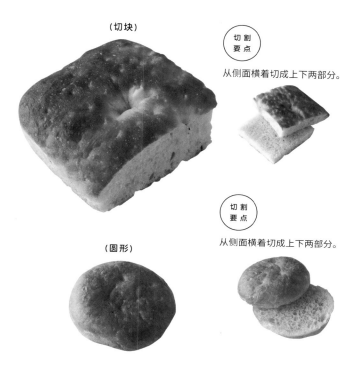

（切块）

切割要点

从侧面横着切成上下两部分。

（圆形）

切割要点

从侧面横着切成上下两部分。

萨拉米水煮蛋帕尼尼

做法 佛卡夏面包从侧面剖成上下两半，内侧涂抹特级初榨橄榄油。下半部分放上芝麻菜、意式香肠、撒上少许食盐和白胡椒的全熟水煮蛋切片（参考第2~3页），撒上用刨子或刮片刀刮下来的羊乳奶酪片后，盖上上半部分。

法式金枪鱼三明治

蔬菜的鲜嫩与面包的香酥松脆相辅相成，令人欲罢不能，是法国南部有名的沙拉三明治。也可以根据个人口味替换成其他沙拉（参考第146、148页）。

【英式松饼】
English muffin

将面团放入圆形模具烤制而成的英国传统面包。质地弹性十足，水分充盈，可以对半切开烘烤后食用。作为制作班尼迪克蛋三明治所使用的面包很受欢迎（参考第87页）。

切割要点

沿侧面中线切成上下两部分，也可以借助餐叉用手掰成两半。不规则的崎岖断面会在烤制时激发出浓郁香味和酥脆的口感。

煎鸡蛋香肠松饼三明治

做法 英式松饼从侧面剖成两半加以烘烤。内侧涂抹无盐黄油，下半片放上用平底锅煎熟的香肠[这里用的是巴伐利亚肉糕（参考第171页）]和煎蛋（参考第20~21页）。煎蛋撒上食盐和粗磨黑胡椒后，盖上上半部分松饼。

好玩的面包切法

稍稍改变面包的切割方式，就能让鸡蛋和面包的搭配组合变得更丰富多彩！活用奇思妙想，自由地探索全新的搭配方式吧。

【用1个鸡蛋和切片面包做】不夹鸡蛋的鸡蛋三明治

尽管用到2片切片面包，但并非简单地用面包把鸡蛋夹起来，也不能算作开放式三明治。给切片面包开出圆形的孔洞，将切成片的水煮蛋镶嵌其中，就成了这道玩心十足的"不夹鸡蛋"三明治。

尽管外观不像三明治，但入口后面包、鸡蛋与调味料混合后所呈现的，是如假包换的三明治的味道。

抠出来的面包还可以涂上果酱或黄油，用来搭配沙拉，不然就拿来做成略显精致的早餐吧。

切割要点

用小型冲孔模具在切片面包上打出圆孔。为配合水煮蛋切片，注意选用直径在30~45毫米的冲孔模具给面包打孔。

材料

切片面包（10片装）……2片
全熟水煮蛋（参考第2~3页）……1个
酸奶油蛋黄酱（参考第27页）……15克
食盐……少许
白胡椒……少许

做法

取1个水煮蛋用鸡蛋切片器切成片。取1片切片面包，其中一面涂上酸奶油蛋黄酱。另一片用冲孔模具打出5个契合水煮蛋切片尺寸的孔洞，打孔的面包放在未打的面包上，将水煮蛋的切片嵌入尺寸相符的孔洞里。

水煮蛋的两端可以盛在挖出来的面包上。最后撒上食盐和白胡椒就完成了。

【用 1 个鸡蛋和切片面包做】煎蛋吐司

和煎蛋烤吐司（参考第 80~81 页）相似，这里也会用到 2 片面包。将用冲孔模具开孔的面包放在另一片完整的面包上，就形成了一个可以容纳鸡蛋的圆坑。鸡蛋只占据了面包中央的一小块面积，烤好的成品大部分口感酥脆，更具烤吐司风味。

两片面包之间涂抹的酱油蛋黄酱所起到的作用不光是调味，还能将两片面包黏合到一起。可以根据口味将酱油蛋黄酱替换成奥罗拉酱或者酸奶油蛋黄酱（参考第 27 页），贝夏梅尔酱（参考第 79 页）和奶酪应该也很不错。和不夹鸡蛋的鸡蛋三明治（上页）一样，这款煎蛋烤吐司亦可搭配黄油或果酱，调配出色香味俱全的一盘佳肴。

切割要点

用直径 80 毫米左右的冲孔模具将切片面包中心挖空。只要容得下一个鸡蛋，开孔大小全凭个人喜好。

材料

切片面包（10 片装）……2 片
鸡蛋……1 个
酱油蛋黄酱（参考第 26 页）……10 克
食盐……少许
黑胡椒……少许

做法

取其中一片面包，用冲孔模具将中心位置挖空。另一片面包的其中一面涂抹酱油蛋黄酱，垫在打孔的面包片下面。将鸡蛋打入中心的圆坑，放入预热过的烤箱，烘烤至蛋清完全凝固。周围容易烤焦的话，用铝箔包裹起来。最后撒上食盐和粗磨黑胡椒就完成了。

圆形冲孔模具

又被称作"坯子打孔器"。这种圆形的冲孔模具，除制作点心外，也能用于制作三明治。直径从 20 毫米到 104 毫米不等的 12 件套装能精细划分使用场景，非常方便。

法式圆面包装饰的凯撒沙拉

乍看之下是平平无奇的凯撒沙拉，但香脆可口的面包皮和蓬松绵软的面包芯共同营造均衡的风味。分解法式圆面包时用到了最值得推荐的切割方法。用面包块蘸着蛋黄和酱汁，环形部分用手撕成小段，将最后的美味"一网打尽"。这种切割方法同样适用于制作自己喜欢的沙拉。

从侧面将法式圆面包剖成上下两半。上半部分切成放射状，下半部分留出10毫米左右的边，将中间部分用刀或冲孔模具抠出。留下的环形部分用作沙拉装盘时的边框，挖出的部分切成20毫米见方的面包块。

材料

法式圆面包……1个

水波蛋（参考第22~23页）

个人喜欢的蔬菜叶（如褶边生菜、罗马生菜、紫甘蓝等）……适量

凯撒沙拉汁（参考第85页）……适量

特级初榨橄榄油……适量

帕尔马奶酪（粉末）……适量

黑胡椒……少许

做法

1. 用油刷给切分好的面包刷上橄榄油，切成方块的中心部分撒上帕尔马奶酪粉末。将切分好的面包全部放入200摄氏度预热过的烤箱中，烤至表面焦黄。

2. 环形的面包圈放置在器皿中央，让上半部面包块锐角向外，呈放射状摆放在面包圈周围，将间距调整至相等，视觉效果均衡。

3. 面包圈中间放置各种蔬菜叶和下半部的面包块，调整至形态均衡。最后放上水波蛋，淋上足量的凯撒沙拉汁，再撒上帕尔马奶酪粉末和粗磨黑胡椒就大功告成了。

【用法式小棍面包做】
番茄甜椒炒蛋配法式小棍面包

下面介绍的是一种用面包佐餐时既好看又好玩的切割和摆盘方法。底太浅的碟子不容易挂住面包片，有一定深度的盘子更好。

烤到自己喜欢的火候，又酥又脆的也相当不错。根据口味选择搭配的汤食和沙拉吧。

切割要点

将小棍面包斜切成20毫米厚的面包片，最后斜着切一刀给面包片开口。这一刀和做三明治时相反，要自下而上、从里向外切出。这么一来，插在盘边时有着漂亮沟壑的一面就能冲上了。

材料
法式小棍面包……1根
番茄甜椒炒蛋（参考第163页）……适量

做法
将番茄甜椒炒蛋盛在较深的器皿中，边缘插上小棍面包切片。

131

06

最佳配角：鸡蛋
世界上的三明治

日本

炸虾三明治

Fried prawn sandwich

以广受青睐的炸虾为主料，搭配切丝卷心菜、塔塔酱和煎蛋卷而制成的烤吐司三明治。酱汁进一步衬托炸虾的鲜美，煎蛋卷为整体增添一丝靓丽的色彩。这一轻奢的组合搭配，不禁让人想大咬一口，鼓起腮帮细细咀嚼一番。

日本
混合水果三明治
Mixed fruits sandwich

大胆地将5种水果组合到一起的水果三明治，制作要点在于用好奶油。一边涂抹的是尚蒂伊鲜奶油，另一边则是弥漫着香草芬芳的卡仕达奶油，两种奶油联手将面包与水果的个性巧妙地结合到了一起。

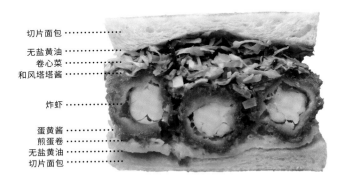

切片面包 ··············
无盐黄油 ··············
卷心菜 ··············
和风塔塔酱 ··············

炸虾 ··············

蛋黄酱 ··············
煎蛋卷 ··············
无盐黄油 ··············
切片面包 ··············

炸虾三明治

材料（1份用量）

切片面包（6片装）······2片

无盐黄油······6克

炸虾······3根

和风塔塔酱（参考第27页）······45克

卷心菜（切丝）······25克

蛋黄酱······3克

鸡蛋······1个

食盐······少许

白胡椒······少许

色拉油······适量

做法

1. 将切片面包烘烤至表面轻微焦黄，其中一面涂上无盐黄油。

2. 鸡蛋打入碗中，加食盐、白胡椒简单调味。在小号煎蛋锅中放色拉油加热，将蛋液煎成比面包尺寸稍小一些的蛋卷。

3. 将煎蛋卷放在面包片上，挤上一层薄薄的蛋黄酱。将炸虾、和风塔塔酱、卷心菜依次摆上，盖上另一片面包。

4. 切去面包边，然后对半切开。

＊ 这里使用的酱汁是加了腌茄子、藠头、青紫苏叶的和风塔塔酱，也可以根据口味替换成加柠檬汁和酸黄瓜的塔塔酱（参考第27页）。

切片面包 ⋯⋯⋯⋯⋯

尚蒂伊鲜奶油 ⋯⋯⋯⋯⋯

水果（杧果、猕猴桃、⋯⋯⋯⋯⋯
甘夏、草莓、香蕉）

卡仕达奶油 ⋯⋯⋯⋯

切片面包 ⋯⋯⋯⋯

混合水果三明治

材料（1份用量）

切片面包（8片装）⋯⋯2片
尚蒂伊鲜奶油⋯⋯25克
卡仕达奶油（参考第28~29页）⋯⋯30克
草莓⋯⋯2个
香蕉⋯⋯1/2根
杧果⋯⋯1片（约25克）
猕猴桃⋯⋯1/4个（竖切）
甘夏（罐装）⋯⋯1瓣
糖粉⋯⋯少许

做法

1. 切片面包预先切掉面包边，其中一片
   的一面涂抹尚蒂伊鲜奶油，另一片涂
   抹卡仕达奶油。

2. 其中一颗草莓对半切开。

3. 在面包上放置香蕉、草莓、杧果。完
   整的草莓放在中间，对半切开的分别
   垫在左右两侧。接着放上甘夏和猕猴
   桃，盖上另一片面包。

4. 将成品对半切开，撒上糖粉点缀。

 制作水果三明治时，需要根
据横截面的色彩搭配来决定
水果的切割、组合、摆放方
式。水果分量太大的话，横
截面容易溢出来，将奶油的
分量控制在刚好填满面包和
水果之间的空隙即可。

新加坡
咖椰吐司配温泉蛋
Kaya toast with soft-boiled eggs

新加坡人早餐桌上必备咖椰吐司，其特征是纤薄的烤吐司夹着足量的黄油
和果酱，再搭配两个温泉蛋。黏稠的温泉蛋用酱油和胡椒调味，用烤吐司
蘸着吃。甜咸风味的对比令人眼前一亮，吃过方知原来如此美味。

越 南

煎蛋越南法棍三明治

Bánh mì ốp la

在法国殖民统治时期，面包文化传到了越南，与当地饮食文化融合，诞生了越南法棍，如今可谓是越南的国民级食品。除了搭配越南火腿、猪肝酱、鱼脍，越南法棍夹煎鸡蛋也算是标配之一了。这里用鱼露和甜甜的蛋黄酱简单地统一了一下味道，也可以根据个人口味，配上黄瓜片等。

咖椰酱

全麦切片面包 ·········
无盐黄油 ·········
全麦切片面包 ·········

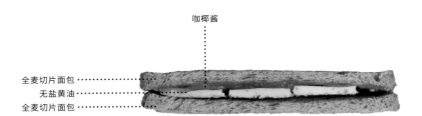

咖椰吐司配温泉蛋

材料（1碟用量）

全麦切片面包（12片装）······4片

咖椰酱※······30克

无盐黄油······18克

温泉蛋（参考第23页）······2个

酱油······少许

白胡椒······少许

※ 咖椰酱
用椰奶、鸡蛋和白砂糖制成的甜味涂抹酱，添加了有着独特香气的香兰叶。咖椰酱中也含有鸡蛋，搭配温泉蛋不会有任何违和感，味道结合得很好。可以在进口食品商店里买到。

做法

1. 全麦切片面包稍微烘烤一下，涂上咖椰酱，将无盐黄油切成片夹在切片面包中间。

2. 对半切开，摆放在盘中，配上温泉蛋。温泉蛋用酱油和白胡椒调味。用咖椰吐司蘸着温泉蛋享用。

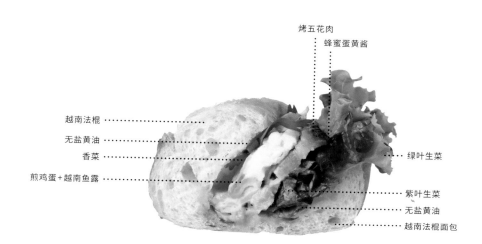

烤五花肉

蜂蜜蛋黄酱

越南法棍 ············

无盐黄油 ············

香菜 ············

煎鸡蛋+越南鱼露 ············

绿叶生菜

紫叶生菜

无盐黄油

越南法棍面包

煎蛋越南法棍三明治

材料（1份用量）

越南法棍面包（参考第121页）······1根（65克）

无盐黄油······8克

绿叶生菜······7克

紫叶生菜······7克

烤五花肉（切片）······45克

鸡蛋······1个

蜂蜜蛋黄酱※······6克

香菜······适量

越南鱼露※······少许

白胡椒······少许

色拉油······少许

糖粉······少许

※ 蜂蜜蛋黄酱

将蛋黄酱和蜂蜜以9：1的比例混合即可。

※ 越南鱼露

越南产的鱼露调味料，可以用泰国鱼露代替。

做法

1. 越南法棍面包稍加烘烤，从侧面划开，
   内侧涂上无盐黄油。

2. 平底锅涂抹色拉油，制作双面煎蛋（参
   考第20～21页）。煎好的鸡蛋撒上越南
   鱼露和白胡椒调味。

3. 将绿叶生菜和紫叶生菜塞进划开的面
   包里，挤上一层薄薄的蜂蜜蛋黄酱，
   将烤五花肉、煎蛋、香菜依次放上。

4. 对半切开，撒上糖粉点缀。

Bánh mì在越南语中就是面包
的意思，用这种面包制成的三
明治也被称作Bánh mì。

美国

B.E.L.T.三明治

B.E.L.T. sandwich

B、E、L、T分别取自培根（bacon）、鸡蛋（egg）、生菜（lettuce）、番茄（tomato）4种食材的英文单词首字母，是美国具有代表性的三明治。通过添加、替换各种各样的食材，再与鸡蛋进行组合，在衍生出多种风味的同时，也用均衡的色彩征服了大众。建议搭配的煎蛋煎成半熟状，黏稠的蛋黄自身就可以充当酱汁，将食材和面包各自的味道统一成醇厚的风味。

美国

俱乐部三明治

Club sandwich

又被称作三层三明治，由3片面包组合而成，源于美国，如今推广至全世界。夹层中填满了培根、生菜、番茄、鸡蛋、鸡肉（或者火鸡肉）、蛋黄酱等美式三明治的基础食材，以奢侈的搭配彰显其作为高级轻食的地位。食材的摆放顺序非常重要，3片面包构成的夹层中食材的组合方式直接影响风味的平衡。

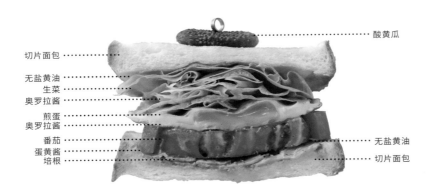

切片面包 ……………………… 酸黄瓜

切片面包 …………………

无盐黄油
生菜
奥罗拉酱 …………………

煎蛋
奥罗拉酱 …………………

番茄 …………………………… 无盐黄油
蛋黄酱
培根 ……………………………… 切片面包

B.E.L.T.三明治

材料（1份用量）

切片面包（6片装）……2片
无盐黄油……6克
培根……2片（20克）
生菜……25克
番茄（大，15毫米厚切片）……1片（70克）
煎蛋（参考第20~21页）……1个
奥罗拉酱（参考第27页）……10克
蛋黄酱……2克
食盐……少许
白胡椒……少许
黑胡椒……少许
酸黄瓜（有的话）……2根

做法

1. 切片面包稍加烘焙，烤至稍带焦黄，在其中一面涂上无盐黄油。

2. 用平底锅将培根两面煎透，用厨房纸吸去表面多余的油脂。

3. 番茄片两侧撒些食盐，用厨房纸轻轻按压吸去多余的水分，撒上粗磨的黑胡椒。

4. 将培根放在面包上，挤上一层薄薄的蛋黄酱，再放上番茄片。将奥罗拉酱注入裱花袋，在番茄上挤出一半的量，放上煎蛋，撒食盐和胡椒粉，再将剩下的奥罗拉酱挤干净，放上折叠至比面包小两号的生菜，最后盖上另一片面包。

5. 取两根签子分别插上酸黄瓜，插入三明治固定，然后对半切开。

切片面包 ·········· 黑橄榄

生菜 ··········

番茄 ·········· 无盐黄油
培根 ··········
切片面包 ·········· 酸奶油蛋黄酱
无盐黄油

香煎鸡腿肉 ··········
全熟水煮蛋 ·········· 无盐黄油
酸奶油蛋黄酱

切片面包 ·········· 无盐黄油

俱乐部三明治

材料（1份用量）

切片面包（8片装）······3片

无盐黄油······12克

全熟水煮蛋（参考第2~3页）······1个

香煎鸡腿肉※······60克

番茄（大，10毫米厚切片）······45克

培根······2片（20克）

生菜······18克

酸奶油蛋黄酱（参考第27页）······18克

食盐······少许

白胡椒······少许

黑胡椒······少许

黑橄榄（有的话）······2个

青橄榄（有的话）······2个

※ 香煎鸡腿肉

取一整片鸡腿肉，两面撒上食盐和白胡椒，淋色拉油，揉至入味。开火，皮朝下在平底锅中煎5分钟左右。用中火将鸡皮煎透，直至发脆，呈焦黄色。翻面，再煎4分钟左右装盘。冷却5~10分钟后切小块。

做法

1. 将面包烘烤至表面干燥，但不至于出现焦黄色，每片面包的其中一面涂上3克无盐黄油。

2. 用平底锅将培根两面煎透，用厨房纸吸去表面多余的油脂。

3. 番茄片两侧撒些食盐，用厨房纸轻轻按压吸去多余的水分，撒上黑胡椒。

4. 全熟水煮蛋用鸡蛋切片器切成片，将蛋黄截面较大的一片放在面包中央，其余4片沿对角线摆放，两端只有蛋白的部分用于填充切片之间的空隙（参考第45页）。鸡蛋切片上撒上食盐和白胡椒，用裱花袋薄薄地挤上5克酸奶油蛋黄酱。接着放上切好的香煎鸡腿肉，盖上涂抹了无盐黄油的面包。

5. 将剩下的无盐黄油涂抹在面包上，放上培根片，挤上一层薄薄的酸奶油蛋黄酱，放上番茄切片，再挤上一层酸奶油蛋黄酱。放上折叠至比面包小两号的生菜，盖上最后一片面包。

6. 取4根签子分别插上橄榄，插入三明治将其固定，切去面包边后沿对角线切成4等份。

法国

法式金枪鱼三明治
Pain bagnat

法式金枪鱼三明治（Pain bagnat）是法国南部尼斯地区有名的沙拉三明治，是一道以尼斯沙拉为原型、地域风情浓郁的餐品，原词直译是"沐浴面包"的意思。在制作三明治时，我们总强调不能让食材的水分渗入面包，但这款三明治美味的关键在于让蔬菜的水分和橄榄油渗透面包。

法国
萨拉米鸡蛋维也纳面包三明治
Sandwich viennois salami œuf

维也纳面包制成的三明治亦是法国面包房的保留单品之一。油脂和牛奶充分融合后，口感馥郁的面包十分绵软，咬下去不会粘牙，不挑与之搭配的食材。用萨拉米香肠和鸡蛋搭配组合，面包和食材共同营造出入口即化的平衡口感，好吃但不会腻。另外也推荐加入番茄或者金枪鱼进行搭配。

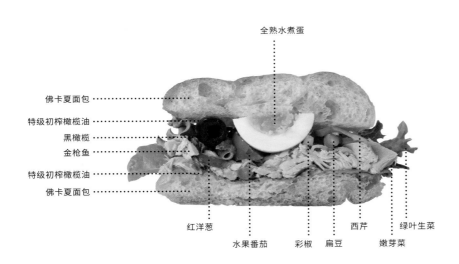

全熟水煮蛋

佛卡夏面包
特级初榨橄榄油
黑橄榄
金枪鱼
特级初榨橄榄油
佛卡夏面包

红洋葱

水果番茄　　彩椒　扁豆　　嫩芽菜

西芹　　绿叶生菜

法式金枪鱼三明治

材料（1份用量）

佛卡夏面包……1个（60克）
特级初榨橄榄油……10克
绿叶生菜……6克
嫩芽菜……2克
全熟水煮蛋（参考第2~3页）……1/2个
水果番茄……1/2个（25克）
金枪鱼（油封、罐装）……40克
红洋葱（切片）……7克
西芹（切片）……6克
彩椒（红色、黄色，切片）……8克
扁豆（盐水汆熟）……1根
油醋汁※……10克
黑橄榄……2个
大蒜……1/2片
食盐……少许
白胡椒……少许

※ 油醋汁（方便制作的量）
60毫升白葡萄酒醋、1/2小匙食盐、少许白胡椒、1小匙第戎芥末酱，混合
均匀，加入60毫升特级初榨橄榄油、100毫升色拉油搅拌至乳化。

做法

1. 佛卡夏面包从侧面剖开，切面用大蒜片擦过后，
   涂抹特级初榨橄榄油。

2. 吸去金枪鱼肉上多余的油脂，撒上油醋汁腌渍
   入味。水果番茄切成3等份。

3. 将绿叶生菜、嫩芽菜、金枪鱼肉、水果番茄依
   次放在佛卡夏面包的下半部上，然后放上全熟
   水煮蛋、红洋葱、西芹、彩椒，调整成色彩对
   比鲜明的布局，在全熟水煮蛋上撒食盐和白胡
   椒，盖上佛卡夏面包的上半部。

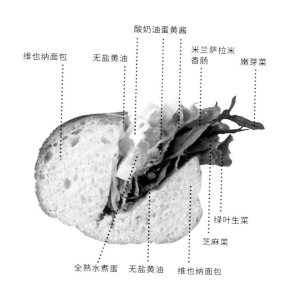

酸奶油蛋黄酱

维也纳面包　　　无盐黄油　　　米兰萨拉米
香肠　　　嫩芽菜

全熟水煮蛋　　　无盐黄油　　　维也纳面包

绿叶生菜

芝麻菜

萨拉米鸡蛋维也纳面包三明治

材料(1份用量)

维也纳面包……1个（85克）

无盐黄油……6克

绿叶生菜……4克

芝麻菜……2克

嫩芽菜……2克

米兰萨拉米香肠……3片（20克）

全熟水煮蛋（参考第2~3页）……1个

酸奶油蛋黄酱（参考第27页）……6克

食盐……少许

白胡椒……少许

做法

1. 维也纳面包从侧面切开，切面涂上无盐黄油。

2. 全熟水煮蛋用切片器切成片。

3. 在面包里塞入绿叶生菜、芝麻菜、嫩芽菜，用裱花袋薄薄地挤上酸奶油蛋黄酱，放上米兰萨拉米香肠，再挤一层酸奶油蛋黄酱，放上水煮蛋切片。水煮蛋切片上撒上少许食盐和白胡椒，最后再挤一些酸奶油蛋黄酱作为点缀。

丹麦
虾仁鸡蛋开放式三明治
Smørrebrød med æg og rejer

堪称丹麦国民级食物的开放式三明治，面包片上承载的是几乎将面包完全遮蔽的丰富食材。在丹麦语里，Smørre是润滑的黄油，brød则是面包的意思，顾名思义，这是一种在切成薄片的面包上涂上大量黄油，盛上各种食材，用刀叉享用的菜品。除丹麦外，这款三明治也受到北欧其他国家人民的青睐，和各类海鲜是标配。其中，搭配虾仁的这一款尤为受欢迎。

瑞典

三明治蛋糕
Smörgåstårta

在瑞典作为一道家喻户晓的派对料理而为瑞典人所喜爱，是一种需要像蛋糕一样装饰的三明治。食材可以根据个人口味定制，以奶油奶酪搭配酸奶油为底，加入添加了香草的蛋黄酱进行调味。只要装饰得五彩缤纷，即便用的是寻常食材，也能成就一道豪华料理。大量添加时萝等香草，渲染出浓郁的北欧风味。

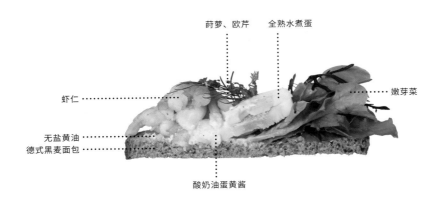

蒔萝、欧芹　全熟水煮蛋

虾仁

无盐黄油
德式黑麦面包

嫩芽菜

酸奶油蛋黄酱

虾仁鸡蛋开放式三明治

材料(1份用量)

德式黑麦面包※（10毫米厚切片）……1片

无盐黄油……6克

酸奶油蛋黄酱（参考第27页）……12克

全熟水煮蛋（参考第2~3页）……1/2个

嫩芽菜……3克

去壳虾（小）……45克

蒔萝……少许

欧芹……少许

食盐……少许

白胡椒……少许

※ 德式黑麦面包（参考第123页）
除德式黑麦面包外，也可以用柏林乡村面包、
法式黑麦面包代替。

做法

1. 全熟水煮蛋用切片器切成片。

2. 去壳虾挑掉虾线。取小锅加水煮沸，加少许食
盐，快速氽烫后用笊篱或漏勺捞出。

3. 德式黑麦面包上涂抹黄油，放上嫩芽菜，用裱
花袋挤上少许酸奶油蛋黄酱，放上水煮蛋切
片，撒少许食盐和白胡椒，再挤上剩下的酸奶
油蛋黄酱，放上煮好的虾仁。装盘时放上蒔萝
和欧芹作为点缀，配上切成小片的柠檬（原料
表外）。

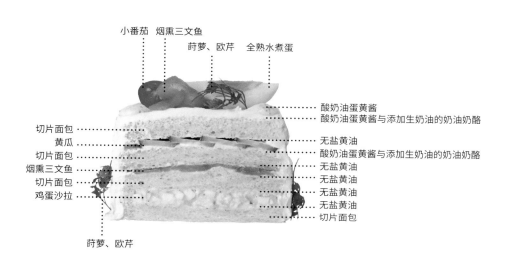

小番茄　烟熏三文鱼

荏萝、欧芹　全熟水煮蛋

酸奶油蛋黄酱
酸奶油蛋黄酱与添加生奶油的奶油奶酪

切片面包
黄瓜
切片面包
烟熏三文鱼
切片面包
鸡蛋沙拉

无盐黄油
酸奶油蛋黄酱与添加生奶油的奶油奶酪
无盐黄油
无盐黄油
无盐黄油
无盐黄油
切片面包

荏萝、欧芹

三明治蛋糕

材料(1个/2~3人份)

切片面包（10片装）……4片

无盐黄油……15克

酸奶油蛋黄酱（参考第27页）……60克

奶油奶酪……200克

生奶油……20克

酸奶油……24克

全熟水煮蛋（参考第2~3页）……2个

黄瓜……40克

烟熏三文鱼……30克

小番茄……2个

荏萝……适量　欧芹……适量

食盐……少许　白胡椒……少许

用圆形冲孔模具抠出每片切片面包的中心部分，刚好供2~3人食用。可以根据人数增加面包片数，或是改变形状，做出更大的尺寸。

做法

1. 奶油奶酪与生奶油、酸奶油混合至质地细腻，用食盐、白胡椒调味。

2. 半个水煮蛋用于装饰，剩下的用细眼筛网碾碎，加入15克酸奶油蛋黄酱搅拌均匀，撒上食盐和白胡椒调味。装饰用的半个水煮蛋纵向切成3等份。

3. 切片面包用冲孔模具或菜刀加工，保留中心圆形的部分。

4. 黄瓜用菜刀纵向切成2毫米厚的薄片。

5. 取3片切片面包，每一片的其中一面涂上3克无盐黄油，夹住鸡蛋沙拉。上面的面包涂上3克无盐黄油，放上25克烟熏三文鱼，再盖上一片面包。

6. 步骤5成品上涂抹15克混合奶油，放上黄瓜片，盖上涂抹了3克无盐黄油的切片面包。

7. 用剩下的混合奶油涂抹面包通身，直至完全覆盖，将酸奶油装入裱花袋，在上面裱出边缘装饰。将装饰用的水煮蛋、剩下的烟熏三文鱼、小番茄、荏萝和欧芹逐一装饰在顶部和周围。

07

世界上适宜
搭配面包的

鸡蛋料理

材料(3个200毫升耐热容器的分量)

鸡蛋……3个
土豆泥※……330克
细香葱……少许
食盐……少许
白胡椒……少许
法棍或其他自选面包(切片)……适量

※ 土豆泥（方便制作的量）
取400克土豆带皮蒸熟，趁热剥皮并碾成泥。放入锅中用中火加热，用木铲子搅拌，蒸发掉多余的水分，加入50克切成小方块的无盐黄油混合，避免结块。待黄油融化后，加入80毫升温牛奶摊开，加少许食盐、胡椒粉、肉豆蔻调味即可。

做法

1. 耐热容器中分别加入110克土豆泥，在土豆泥上打上鸡蛋，用铝箔封口。
2. 放入锅中，注入锅体容积2/3的热水，开火加热10分钟左右，直至蛋清开始凝固变白。
3. 揭掉盖子，在鸡蛋上撒上食盐、白胡椒、细香葱末，配上烤到酥脆的法棍面包。

鸡蛋蒸土豆泥

Eggslut

在土豆泥上放上鸡蛋隔水加热制成的早餐菜品，在美国西海岸一家同名店铺Eggslut开始走红，通过社交媒体平台传播到全世界。
奶油状的土豆泥和半熟状的鸡蛋搭配，挖上一大勺就着面包吃。虽然味道如想象般简朴，但鸡蛋的浓稠口感着实令人忍不住多吃几片面包。
在土豆泥中加入松露盐和香草，还能调配出符合自己口味的变化。

美国

材料(6切份)

全熟水煮蛋（参考第2~3页）……3个
蛋黄酱……30克
酸奶油……15克
食盐……少许
白胡椒……少许
欧芹……少许
莳萝……少许

做法

1. 全熟水煮蛋对半切开，取出蛋黄，用细眼筛网碾碎。加入蛋黄酱、酸奶油混合至质地细腻，加食盐和白胡椒调味。
2. 装入裱花袋，用星形裱花嘴，挤在切开的蛋白凹坑里。
3. 装盘，用欧芹、莳萝点缀。

魔鬼蛋

Deviled eggs

与法国的水煮蛋配蛋黄酱（参考第159页）齐名，是极纯粹的水煮蛋料理。将水煮蛋对半切开后取出蛋黄，调味后再填充回去，非常适合作为派对餐食，也是复活节中必不可少的菜品。这里deviled有"辛辣的调味"的意思。蛋黄经过充分调味后口感意外鲜明，也难怪有人拿它当下酒菜。

根据个人口味，可用不同的香辛料和香草搭配，还能放上烟熏三文鱼和鱼子酱等，使其摇身一变成高级料理。

美 国

舒芙蕾欧姆蛋

Omelette soufflée

法国巡礼地之一圣米歇尔山的特产就是这道软绵的舒芙蕾欧姆蛋，仅用鸡蛋和当地特产的黄油制作而成。片刻就能完成烹制，易入口，也很好消化，是舟车劳顿的巡礼者治愈身心的佳品。

普通欧姆蛋或许满足不了现在的旅行者，如果严选质地浓稠的鸡蛋和法国产含盐发酵黄油进行制作，那将会滋味浓郁。一旦冷却，欧姆蛋便会坍缩，因此要趁热食用。

材料[1份用量（使用直径26厘米的平底锅制作）]

鸡蛋……3个
含盐发酵黄油……15克
嫩叶菜或其他自选沙拉菜……适量
食盐……少许
白胡椒……少许

做法

1. 将蛋清与蛋黄分离。蛋清打发至用打蛋器能拉出小钩，将1/3打发后的蛋清与蛋黄混合搅打均匀，再加入剩下的蛋清，用硅胶刮刀搅拌均匀。

2. 平底锅中加入含盐发酵黄油，开中火加热。黄油融化后一次性倒入蛋清蛋黄混合液，改小火烤制2~3分钟。

3. 连同平底锅一起将半成品放入200摄氏度预热后的烤箱中烘烤2分钟。待表面略微凝固后取出，对折后装盘。

4. 配上沙拉菜，根据口味撒上食盐和白胡椒调味即可。

＊ 若不用烤箱，给平底锅盖上锅盖用小火慢烤也可以。

水煮蛋配蛋黄酱

Œufs durs mayonnaise

在日本经常被简称为"蛋蘸酱"（œuf mayo），是法式小餐馆的固定前菜。œuf在法语中是鸡蛋的意思，这道菜的法语名字完全就是字面意思，将全熟水煮蛋（œuf dur）和蛋黄酱（mayonnaise）搭配在一起。几种食材都是鸡蛋三明治的基本材料，所以适合搭配面包也是理所当然。要是有机会在法式小餐馆就餐，请务必品尝一下。正因口味纯粹，因此能让人直观地品尝到味道好坏，以此感受主厨在这道菜上的用心程度。

如果是自家制作的话，就将心思用在水煮蛋的成熟度和蛋黄酱的材料上吧。

材料（1盘份）

水煮蛋（第2~3页）……2个
手工蛋黄酱（参考第24页）……适量
紫叶生菜、绿叶生菜或其他自选
沙拉菜……适量
食盐……少许
埃斯佩莱特辣椒粉（也可以用卡宴辣椒粉）……少许

做法

1. 在容器中加入蛋黄酱，放上水煮蛋和沙拉菜。
2. 撒上埃斯佩莱特辣椒粉作为点缀。

* 通过改变手工蛋黄酱使用的醋的种类，增添辅料等手段探索符合个人喜好的口味。加一点香辛料和香草来衬托，味觉印象也会截然不同。

材料（1盘量）

切方块的咸味法式烤吐司※……2/3片
水波蛋（参考第22~23页）……1个
培根（块）……30克
软肝肉冻※……40克
紫叶生菜……2片
苦苣……3~4片
油醋汁（参考第148页）……适量
意大利香芹（切末）……少许
食盐……少许
黑胡椒……少许

※ 切方块的咸味法式烤吐司
将基础的咸味法式烤吐司（参考第107页）切成16等份。

※ 软肝肉冻（方便制作的量）
取450克禽类软肝（砂囊），对半切开，去掉白膜。加1小匙食盐和少许白胡椒揉搓，加1片去掉芯的大蒜、百里香（新鲜）2根、罗勒叶1片（有时间的话静置1小时至一夜）。将软肝和腌制香草加入锅中，开中火，加特级初榨橄榄油炒至完全浸透。冒泡后改小火，以80摄氏度左右熬煮一个半小时。也可以连锅（加盖）一同放入100摄氏度的烤箱中加热。冷却后，连同油脂一同移入保存的容器，放入冰箱冷藏。

做法

1. 将紫叶生菜和苦苣撕成方便入口的大小。

2. 将培根切成小长条，软肝肉冻吸掉多余的油脂，分别在平底锅中炒到酥脆，用漏勺捞起。

3. 在容器中加入准备好的食材，中央放上水波蛋。

4. 在水波蛋上撒少许食盐，整体洒上油醋汁，最后撒上粗磨黑胡椒和意大利香芹碎。

里昂沙拉
Salade Lyonnaise

里昂沙拉是法国里昂地区的地方菜，在叶菜上放上培根、水波蛋、面包丁、用禽类制成的肉冻等丰富食材，深受各路美食家的喜爱。水波蛋的半熟蛋黄浸润整体后，会让沙拉呈现柔和的美味。
将面包丁换成咸味法式烤吐司会显得更有分量，同时轻奢风立显。既可当作正餐，也可作为下酒菜搭配葡萄酒享用。

法国

材料(1盘份)

紫叶生菜⋯⋯1片
绿叶生菜⋯⋯2片
嫩芽菜⋯⋯少许
全熟水煮蛋⋯⋯1个
小土豆⋯⋯2个（120克）
扁豆⋯⋯4根
水果番茄⋯⋯2个
黑橄榄⋯⋯6个
凤尾鱼肉⋯⋯2片
金枪鱼肉（油封、罐装）⋯⋯40克
油醋汁（参考第148页）⋯⋯适量
食盐⋯⋯少许
白胡椒⋯⋯少许

做法

1. 土豆带皮蒸熟，等变软后剥皮，
   切成一口大小。扁豆一并蒸熟，
   对半切开。
2. 紫叶生菜和嫩芽菜撕成一口大
   小，水果番茄纵向切成四等份。
3. 在容器中放上处理好的食材、绿
   叶生菜、对半切开的全熟水煮
   蛋、吸掉多余油脂的金枪鱼肉、
   黑橄榄、凤尾鱼肉。在全熟水煮
   蛋上撒上食盐和白胡椒，整体淋
   上油醋汁。

尼斯沙拉
Salade Niçoise

这是一种发源于法国西南部、毗邻意大利的尼斯地区的沙拉，以蔬菜为中心，据说原
先不会添加任何加热过的蔬菜。
近年来，加入土豆和扁豆之类的蔬菜以增强口感的改良版成为固定做法，作为法国咖
啡厅和小餐馆中的轻食菜品受到人们的喜爱。
加入面包后，既可以作为午餐，也可以当成小分量晚餐，尼斯沙拉超越国界，作为法
式沙拉的代表在全世界广为流行。

法国

勃艮第葡萄酒酱鸡蛋

Œufs en meurette

法国勃艮第地区的地方菜，就是在葡萄酒炖牛肉里放上水波蛋。相传这是充分利用了当地特色菜——用葡萄酒炖煮牛肉制成的勃艮第牛肉剩余的汤汁制作的一道菜品，要是从零开始制作，会比想象的更费工夫。如今这已经是一道独立的前菜，也是勃艮第地区餐馆的招牌菜。使用大量勃艮第葡萄酒熬制的汤汁有着恰到好处的酸味，与水波蛋浓稠的蛋黄相得益彰。再配上几片面包，就是葡萄酒的绝佳配菜。

材料（2盘份）

葡萄酒……300毫升
小牛高汤（灌装）……200毫升
藠头（可用洋葱代替）……1个（70克）
无盐黄油……70克
低筋面粉……10克
罗勒……1片
水波蛋（参考第22~23页）……4个
食盐……少许
白胡椒……少许
〈浇头〉
口蘑……6个
培根（块）……50克
意大利香芹（碎末）……少许
无盐黄油……适量
食盐……少许
白胡椒……少许
法式黑麦面包（切片）……少许

做法

1. 藠头切成末。
2. 10克无盐黄油与10克低筋面粉混合。
3. 在锅中融化剩下的无盐黄油，炒香藠头末。炒软后倒入葡萄酒，混合均匀后熬煮至蒸发掉一半的水分。
4. 在葡萄酒汤汁中加入小牛高汤，再熬煮至蒸发掉一半水分，用细眼笊篱过滤汤汁。回锅后加入食盐、白胡椒调味，加入少量无盐黄油与低筋面粉的混合物，搅拌均匀，熬煮至有浓稠感。
5. 将每个口蘑4等分，开火，用平底锅融化无盐黄油后倒入翻炒，加食盐、白胡椒调味。培根切成小长条，放入平底锅中翻炒，熟透后用漏勺捞出。
6. 将浓汤倒入容器，放上水波蛋，配上上一步做好的浇头和法式黑麦面包，在水波蛋上撒上意大利香芹碎和少许食盐即可。

番茄甜椒炒蛋
Œufs à la piperade

番茄甜椒炒蛋是法国巴斯克地区的一道地方菜，用大量的甜椒与番茄、洋葱、大蒜一起用橄榄油炒制而成。生火腿和当地特产埃斯佩莱特辣椒粉为这道菜增添了巴斯克独有的风情，虽称不上华丽，但滋味浓厚。

尽管这道菜也被用来和鸡肉一起做成巴斯克风乱炖，或是作为主菜的底料，但是和鸡蛋是雷打不动的组合。既可以一道做成鸡蛋汤，也可以在上面放上水波蛋，搭配花样繁多。这里我们用绵软的西式炒蛋进行搭配，色香味俱全。

材料（1盘份）

甜椒（红、绿）……4个（600克）
洋葱……2个（360克）
番茄……1个（250克）
大蒜瓣……2个
塞拉诺火腿（生火腿）……4片
特级初榨橄榄油……4大匙
鸡蛋……2个
食盐……少许
白胡椒……少许
埃斯佩莱特辣椒粉（可用卡宴辣椒粉代替）……少许
意大利香芹……少许

做法

1. 甜椒掏空，去掉种子和絮状物，切成5毫米宽的长条。洋葱切成薄片。番茄切成1厘米见方的小块。取2片生火腿切成一口大小的尺寸。

2. 锅中加入3大匙特级初榨橄榄油，放入大蒜炒香，加入切成一口大小的生火腿、洋葱和甜椒，撒少许食盐翻炒至甜椒变软。

3. 加入番茄，炒至多余水分蒸发。等锅中食材都变软后，加入食盐、白胡椒、埃斯佩莱特辣椒粉调味。

4. 鸡蛋打入碗中，加食盐和白胡椒搅打均匀。

5. 另取一个平底锅，加1大匙特级初榨橄榄油加热，将蛋液倒入锅内制作西式炒蛋（参考第16~17页）。

6. 另外两片生火腿用平底锅将两面稍微烙一下。

7. 将番茄炒甜椒装盘，放西式炒蛋，撒上埃斯佩莱特辣椒粉、切碎的意大利香芹点缀，放上烤过的生火腿即可。

材料（1份，直径20厘米的平底锅大小）

鸡蛋……4个
土豆（中等大小）……3个（300克）
洋葱……1/2个（100克）
大蒜……1/2瓣
特级初榨橄榄油……5大匙
食盐……1小匙左右

做法

1. 土豆去皮，切成7毫米见方的小块。洋葱切成薄片。大蒜去芯，切成末。
2. 平底锅中加入特级初榨橄榄油和土豆块、洋葱、蒜末，摊开后开中火加热。大蒜末炒香后转小火，加入土豆块反复煎炒至变软。加入1/4小匙食盐调味。
3. 将炒透的食材用漏勺捞起，滤出多余的橄榄油。
4. 鸡蛋打入碗中打匀，加入剩下的食盐和炒好的食材混合均匀。
5. 取2大匙滤出的橄榄油，倒入直径20厘米的平底锅，开中火加热，倒入混合蛋液。蛋液开始膨胀后，用木铲慢慢搅动，充分加热食材。盖上锅盖转小火，煎烤至周围凝固，底部呈焦黄色。
6. 让整块蛋饼滑入盘中，扣在平底锅中翻个面，中火煎烤至蛋饼通身焦黄即可。

西班牙土豆饼
Tortilla de patatas

这是一种加入大量土豆和洋葱等辅料，烤制成圆形厚饼的欧姆蛋，像蛋糕一样切角分享食用。既可以做成Tapas（西班牙的国粹小吃）或pinchos（用面包片搭配鱼、海鲜等）之类的下酒菜，也可以用法棍面包夹起来做成西班牙三明治Bocadillo，一样很受欢迎。土豆和洋葱、大蒜一起经足量的橄榄油炒制，洋溢着浓郁悠长的芳香，用食盐调味即可。正因风味质朴，它才能让人感受到食材之间的和谐，怎么吃都不会腻。

西班牙

材料（3~4人份）

番茄……500 克

法棍面包（也可用切片面包

代替）……70 克

大蒜……1/2 瓣

特级初榨橄榄油……2 大匙

白葡萄酒醋……1 大匙

蜂蜜……1~2 小匙

食盐……1/2 小匙

白胡椒……少许

〈浇头〉

塞拉诺火腿（生火腿）……2 片

全熟水煮蛋（第 2~3 页）……2 个

黄瓜……1 根

芝麻菜……适量

特级初榨橄榄油……少许

埃斯佩莱特辣椒粉（可用卡宴

辣椒粉代替）……少许

做法

1. 番茄用开水焯烫后去皮，切成一口大小的块儿，与蜂蜜混合。

2. 法棍面包切成一口大小的面包丁，加入 100 毫升清水泡软。

3. 将处理好的材料和去芯的大蒜、特级初榨橄榄油、白葡萄酒醋、食盐、白胡椒一同放入搅拌机，搅打至质地均匀柔和。

4. 黄瓜和全熟水煮蛋切成小丁。

5. 将搅打过的冷汤装入容器，撒上黄瓜丁和鸡蛋丁，配上塞拉诺火腿、芝麻菜，浇上特级初榨橄榄油，最后撒上埃斯佩莱特辣椒粉点缀即可。

西班牙番茄冷汤

Salmorejo

西班牙安达卢西亚地区的家常菜，是一种与西班牙凉菜汤很相似的冷制汤。相较于添加了番茄、甜椒、黄瓜、洋葱等多种蔬菜的西班牙凉菜汤，西班牙番茄冷汤的主料就只有番茄，特征是利用面包调制出浓稠的口感。

配料一般是水煮蛋和塞拉诺火腿，适宜在没有食欲的夏季补充营养。也可以根据个人口味添加黄瓜和芝麻菜作为配料，使其变成色彩更加丰富、口感如同沙拉一般的冷汤。

西班牙

西班牙香蒜汤

Sopa de ajo

西班牙语中，sopa的意思是汤，ajo的意思则是大蒜。顾名思义，这是一道蒜香浓郁的汤品。汤品本身是西班牙卡斯蒂利亚地区的家常菜，据说是牧羊人为了食用久置变硬的面包而发明的。面包并非辅料，而是这道汤品的主料。

大蒜和生火腿用橄榄油炒香后，香气浓郁扑鼻，滋味深厚悠长，令人难以想象这是汤食。再打一个鸡蛋进去，就变成了杂粥一般的口感。大蒜能迅速让身体变暖的功效也是一大好处，推荐在寒冷的冬日或是要感冒时食用。

材料（2人份）

法棍……80克

特级初榨橄榄油……2大匙

大蒜……3瓣

辣椒粉……1/4小匙

塞拉诺火腿（生火腿）……50克

鸡蛋……1个

食盐……少许

白胡椒……少许

做法

1. 法棍切成一口大小，大蒜去芯，切成薄片。

2. 鸡蛋打入碗中，搅打均匀。

3. 锅中加入特级初榨橄榄油和大蒜，小火炒香，加入辣椒粉和撕碎的塞拉诺火腿翻炒。最后加入面包块继续翻炒。

4. 加入600毫升清水，转中火，加入食盐、白胡椒调味。沸腾后加入蛋液，轻轻搅动，关火。

意式蔬菜蛋汤

Acquacotta

利用久置变硬的面包制作菜品、汤品，是人们的生活智慧。欧洲各地花样繁多。

意大利语acquacotta指"水煮过的"，顾名思义，这是一种不用肉汤，纯粹用清水烹制而成的汤品。

这是一种诞生于意大利托斯卡纳大区马雷玛当地的农家料理，变硬的法棍和半熟蛋是标配，用当地农民家中不同时节存储的蔬菜烹制而成。因为是家常菜，因此各家各有特色。

搭配烤到酥脆的面包，吸收汤汁后的面包脆中带软，口感丰富，蘸着半熟的蛋黄另有一番滋味。

材料（3~4人份）

法式长棍面包（也可以用法式乡村面包）……适量
鸡蛋……3~4个
番茄（罐装，切块）……1罐（400克）
洋葱……1/2个
大蒜……1/2瓣
芹菜……1/2根
茄子……1根
西葫芦……1/2根
甜椒（红、黄）……各1/2个
特级初榨橄榄油……4大匙
蜂蜜……2小匙
食盐……1小匙
白胡椒……少许
帕尔马奶酪（碎末）……少许

做法

1. 洋葱切成薄片。大蒜去芯切成末。芹菜撕掉筋，将茎斜切成薄片，叶子粗略切碎。茄子、西葫芦、甜椒切成一口大小。

2. 锅中加入特级初榨橄榄油，倒入洋葱和大蒜炒香，将芹菜叶以外的其他蔬菜全部倒入翻炒。盖上锅盖转小火，为了充分激发蔬菜的风味，时不时用木铲翻动，使其受热均匀。

3. 将罐装切块番茄和500毫升水加入炒蔬菜中，改中火加热。沸腾后转小火烹煮15分钟，加入食盐、白胡椒、蜂蜜调味，加入芹菜叶，打入鸡蛋后加盖，煮至蛋清完全凝固。

4. 将法棍面包切成片，稍加烘烤。

5. 将菜汤装盘，配上切好的面包，最后淋上特级初榨橄榄油，撒上帕尔马奶酪碎末点缀即可。

材料（5个鸡蛋的分量）

半熟水煮蛋（参考第2~3页）……5个
混合绞肉……400克
洋葱（切碎末）……100克
无盐黄油……15克
鸡蛋……1个
面包粉……20克
牛奶……1大匙
食盐……1小匙
白胡椒……少许
肉豆蔻……少许
荷兰芹（切碎末）……2小匙
面包粉、低筋面粉、蛋液、橄榄油……
适量
番茄奶油酱※……适量
嫩芽菜……适量

※ 番茄奶油酱（方便制作的量）
锅中融化15克无盐黄油，加入去芯的
1/2片大蒜（切成末）和160克洋葱（切
成末）炒香，加入罐装切块番茄（400
克）与生奶油、1小匙食盐、一小撮细砂
糖、白胡椒少许，熬煮至黏稠，倒入搅
拌机打匀。

做法
1. 平底锅中融化无盐黄油，炒熟洋葱末
   后冷却。
2. 碗中放入混合绞肉，加食盐、白胡
   椒、肉豆蔻，揉匀。
3. 面包粉与牛奶混合均匀。
4. 在腌制的混合绞肉中打入一个鸡蛋，
   加入洋葱末、荷兰芹和混合牛奶的面
   包粉，搅拌均匀后分成5等份。
5. 将绞肉放在保鲜膜上，摊平。在半熟
   水煮蛋表面撒上低筋面粉，放在肉馅
   上，用保鲜膜一起包起来。揭掉保鲜
   膜后，整个撒上低筋面粉调整形状，
   表面裹一层蛋液后再裹一层面包粉。
6. 将橄榄油加热至160摄氏度，放入炸
   7分钟，其间不断翻动。等外衣着色，
   表面变脆后捞出。
7. 对半切开后装盘，配上番茄奶油酱和
   嫩芽菜。

苏格兰蛋
Scotch eggs

据说这是伦敦的高级百货商店于1738年构思出的菜品，如今是英国副食店必备的菜
品。作为野餐食品和下酒菜受到英国人民的喜爱，有着各种各样的衍生做法。
基础做法是用绞肉馅将水煮蛋包起来，撒上面包粉再油炸。外皮有了面包粉的包裹，
即便不搭配面包也能吃出面包的口感。原本就是为旅行者制作的高营养口粮，一尝便
知其精妙。

英国

材料（1盘用量）

切片面包（10片装）······1片
半熟煎蛋（参考第20~21页）······1个
培根······1片
番茄（12毫米厚切片）······2片
香肠······2根
棕色口蘑······4个
番茄酱烘豆※（罐装）······适量
无盐黄油······适量
食盐······少许
白胡椒······少许
黑胡椒······少许
特级初榨橄榄油······少许

※ 番茄酱烘豆
用一种叫"海军豆"的白扁豆以番茄
酱和香辛料煮透而成的食物，一般使
用罐装制品。

做法

1. 平底锅融化无盐黄油，炒制对半切
   开的口蘑。加食盐和白胡椒调味。
2. 平底锅中加入特级初榨橄榄油加
   热，煎烤香肠和番茄。番茄两面
   撒食盐和黑胡椒，煎至略微着色。
3. 切片面包稍加烘烤，涂上无盐黄油。
4. 将成品和半熟煎蛋、加热后的番茄
   酱烘豆一起装盘即可。

英式早餐
English breakfast

在英国，最美味的一餐，就是被称作"英式早餐"和"全套早餐"的早餐了。基础英式
早餐包含培根与煎鸡蛋、烤番茄、烤蘑菇、番茄酱烘豆、香肠，还有抹了黄油的烤吐
司，最大的特征是所有食材都加热过。一般搭配咖啡或者红茶之类的热饮。
不少咖啡厅将其作为全天早餐提供，将这些食材夹在面包里做成的三明治也很受欢迎。

英 国

白芦笋配荷兰酱

Spargel mit sauce Hollandaise

提及德国春天的风味，首推白芦笋。很多德国人在冬春交替时都会期待白芦笋的收获。白芦笋放入盐水中煮至断生，淋上荷兰酱，配上土豆和火腿，是通常的做法。口感细腻的白芦笋配上大量的荷兰酱，只让人感觉轮廓鲜明的风味不断在口中扩散。这里为这道菜品配了黑麦面包。富含黄油的荷兰酱和带酸味的面包也相当地搭。

材料（1盘用量）

白芦笋……5~7根
荷兰酱（参考第25页）……适量
土豆……1个
生火腿（最好有德式生火腿）……1片
荷兰芹（切碎）……少许
食盐……少许
白胡椒……少许
卡宴辣椒粉……少许
黑麦面包（柏林乡村面包）……2片

做法

1. 白芦笋切去根部坚硬部分，用刨子刨掉尖部3厘米左右的皮。切掉的根和刨下来的皮暂时不要扔，和白芦笋一起放入水中煮能增添风味。
2. 锅中烧开水，加食盐，煮处理好的白芦笋。煮至稍微夹生的程度，和汤汁一起冷却（如果一次性烹煮较多，就和汤汁一起冷藏保存）。
3. 将土豆带皮蒸至变软后去皮，撒上食盐、白胡椒、荷兰芹碎。
4. 容器中码上白芦笋、土豆、生火腿，白芦笋上淋荷兰酱，撒卡宴辣椒粉，配上切成薄片的黑麦面包。

巴伐利亚肉糕与煎蛋配德式煎土豆

Leberkäse mit spiegelei und bratkartoffeln

在欧洲，当属德国的肉类加工食品种类繁多，也极具特色。尤其是因地区不同而种类繁多的香肠，且不说形状和尺寸，风味和食用方法都不尽相同。

将肉装入模具中烘烤成型的肉糕，其标准吃法是厚厚地切一块煎成肉排，然后放上煎鸡蛋。半熟的蛋黄代替了酱汁，成为美味的关键，做成三明治也不会错。

配菜以德式煎土豆为主，搭配醋泡菜、德国酸菜、黄芥末等。有啤酒和面包搭配就更完美了。

材料（1盘份）

肉糕（15毫米厚切片）……2片

半熟煎蛋（参考第20~21页）……1片

德式煎土豆※……适量

德国酸菜……适量

酸黄瓜……2根

黄芥末酱……适量

食盐……少许

黑胡椒……少许

色拉油……少许

※ 德式煎土豆（方便制作的量）

取1片培根切小块。3个土豆去皮，切成一口大小。1/4个洋葱切片。平底锅中融化15克无盐黄油，加入培根、土豆、洋葱翻炒至熟透。加入食盐、白胡椒调味，撒入切碎的荷兰芹。

做法

1. 平底锅中倒油，中火加热，下肉糕煎制。一面上色后翻面继续煎，直至两面煎透。

2. 器皿中摆放肉糕，在肉糕上放上半熟煎蛋，撒上食盐和黑胡椒，配上德式煎土豆、德国酸菜、酸黄瓜、黄芥末酱即可。

08

面包与鸡蛋
制成的点心

潘多洛配萨巴雍酱

潘多洛，是意大利的传统发酵点心，通过添加大量鸡蛋和黄油，实现了名副其实的金黄色泽。我最想拿来搭配潘多洛的，是蛋黄和白葡萄酒制成的甜味酱 —— 萨巴雍酱。潘多洛蘸着气感蓬松且芳香四溢的萨巴雍酱，风味相当奢华。

材料（1盘用量）

潘多洛（切片）……2片
萨巴雍酱（参考第31页）……适量
糖粉……少许

做法

将潘多洛装盘，依据个人口味酌情淋上萨巴雍酱，用茶粉筛撒上糖粉作为点缀。

一点提示

如果是一人份的话，建议将潘多洛从中心纵向切角取用。如果是多人分享，则可以横向片成星形，增添一丝乐趣（参考第125页）。

用潘多洛和萨巴雍酱做出花样！
莓果萨巴雍酱焗潘多洛

在切成片的潘多洛和新鲜莓果淋上厚实的萨巴雍酱，再入烤箱烘烤制成的这道焗点心，简单而令人印象深刻。热腾腾的潘多洛和萨巴雍酱经烘焙后愈发蓬松，芳香倍增，入口即化。莓果的酸甜滋味起到了极好的衬托作用。这里用了新鲜覆盆子和蓝莓，用冷冻的混合莓果更方便制作。

材料（1盘用量）

潘多洛（切片）……2片
萨巴雍酱……适量
自选的莓果（覆盆子、蓝莓、黑莓等）……适量
糖粉……少许

做法

1. 潘多洛和莓果置入耐热容器，淋上足量的萨巴雍酱。
2. 放入200摄氏度预热的烤箱中烘烤5~8分钟，直至萨巴雍酱膨胀并呈现轻微的焦黄色。
3. 取出后撒上糖粉点缀。

扁桃仁椰蓉面包干

是用切成薄片的法棍面包做成的经典面包干，加一道工序，美味升级。用蛋清制作的底液经烘烤后香气四溢，预先烘烤过的面包片彻底脱水，变得松脆可口。请用底液充分浸润面包片后，再根据个人喜好选择扁桃仁片或是椰蓉增添风味。即便不是吃剩的法棍，特地买新鲜的来制作也有一番美妙滋味。

扁桃仁面包干

材料（方便制作的分量）

法棍面包……1/2根

蛋清……50克

糖粉……60克

低筋面粉……18克

无盐黄油……25克

扁桃仁片……55克

椰蓉面包干

材料（方便制作的分量）

法棍面包……1/2根

蛋清……50克

糖粉……60克

低筋面粉……18克

无盐黄油……25克

椰蓉……35克

做法

1. 法棍面包切成7毫米厚的片，放入160摄氏度预热过的烤箱中烘烤约15分钟。

2. 无盐黄油隔水融化，混入低筋面粉。

3. 蛋清打入碗中，加细砂糖搅打，再加入低筋面粉搅打，避免结块。混入融化的无盐黄油后，再与扁桃仁片或是椰蓉混合。

4. 将混合物充分涂抹在面包片上。

5. 烤箱180摄氏度预热，烘烤10分钟直至整体上色。

相较于底液，椰蓉和扁桃仁片的占比要更多一些，充分混合后均匀涂抹在面包片上并抹平。底液渗入面包的气孔中也没有关系。烘烤要烤透至底面，才会芳香松脆。

楠泰尔布里欧修水果三明治

用富含鸡蛋和黄油的布里欧修制作的水果三明治，吃起来有蛋糕的错觉，却依然有在吃三明治的实感，风味独特，妙不可言。布里欧修独有的馥郁风味与入口即化的口感充分包容了水果的特性。请用时令水果发现更多乐趣吧。

材料（3种各1组分量）

楠泰尔布里欧修（12毫米厚切片）……6片
马斯卡彭生奶油※……90克
草莓……4颗
玫瑰香葡萄……4颗
甘夏（罐装）……4瓣
开心果……少许

※ 马斯卡彭生奶油（方便制作的分量）
100克马斯卡彭奶酪中混入10克蜂蜜，100毫升生奶油中加入10克细砂糖，打发8分钟左右。将马斯卡彭奶酪和生奶油混合后用打泡器充分搅打均匀即可。

做法

1. 在楠泰尔布里欧修的其中一面涂上15克马斯卡彭生奶油，中央部分涂抹得略厚一些。

2. 将水果放在涂抹的生奶油上。鉴于稍后要对半切开，摆放时需要考虑到下刀位置和最终呈现的效果。在中心切线位置分别摆放3颗草莓、3颗玫瑰香葡萄、3瓣甘夏，其余的分别切成4等份后放在上下位置，再盖上另一片面包。

3. 用掌心轻轻按压，使奶油充分进入果粒之间的缝隙。薄薄地切去上下面包边后对半切开，最后撒上粗略切碎的开心果仁作为点缀。

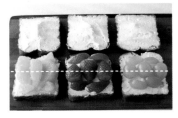

水果三明治中水果的摆放方法很重要。对半切开的情况下，中央切线位置的水果排列一定要紧密。在上下的缝隙里填入切成小块的水果，切割后大水果块不会掉落，入口时的口感也比较平衡。

水果奶油夹心布里欧修

富含鸡蛋和黄油的球顶布里欧修，大小方便食用，形状也使得其适合用作甜点素材，食用起来乐趣多多。将烘焙时膨胀成球的顶部切下，掏空本体，填充奶油和莓果就成了一道别致点心。奶油和莓果搭配着绵软的布里欧修融化在口中，吃罢就开始留恋其美好滋味。

材料（3个用量）

球顶布里欧修……3个
生奶油&卡仕达奶油（参考第30页）……150克
覆盆子……8颗
蓝莓……10颗
黑莓……3颗
糖粉……少许
薄荷叶……少许

＊ 为了方便制作，这里用了卡仕达奶油与尚蒂伊鲜奶油的混合生奶油"外交官奶油"，可根据个人口味选用奶油进行混合。若想更简便地完成制作，可以只用生奶油和细砂糖打发而成的尚蒂伊鲜奶油。如果只用卡仕达奶油的话，口感会相当绵密厚实。

做法

1. 切去布里欧修顶部的球形，掏空本体下半部（参考第124页）。
2. 将卡仕达奶油混合生奶油装入裱花袋，裱花袋使用星形裱花嘴。
3. 在掏空的布里欧修内部挤入混合生奶油，放一层莓果挤一层奶油，交替叠放。外部也挤上一层奶油，放上莓果点缀。
4. 将球顶放在上面，撒上糖粉，放上薄荷叶作为点缀。

掏空布里欧修时，有鹰嘴剃刀会方便很多。向内侧弯曲的刀刃可以轻松地划出精确的切割弧线，三下五除二就能处理好。

香橙味布里欧修焗菜

在掏空的球顶布里欧修中填充添加了橘皮果酱的奶油奶酪，散发着橙香的底液渗入缝隙，与布里欧修一起被烤制成一道点心。寒冷时节趁热享用是极好的，放进冰箱里冷藏后也是沁人心脾的美味。

材料（容量1.1升的耐热容器用量）

球顶布里欧修……4个

无盐黄油……10克

奶油奶酪……100克

橘皮果酱……70克

鸡蛋……3个

橙汁（100%）……200毫升

细砂糖……40克

扁桃仁片……7克

君度橙酒……1大匙

糖粉……适量

做法

1. 布里欧修切掉球顶，掏空下半部本体（参考第124页）。
2. 奶油奶酪和橘皮果酱混合均匀后装入裱花袋。
3. 在耐热器皿内壁涂抹无盐黄油，放入处理完的布里欧修（见图①），将奶油奶酪和橘皮果酱的混合物挤入掏空的布里欧修内部。
4. 鸡蛋打入碗中，加细砂糖搅打均匀，加入橙汁和君度橙酒混合均匀后，注入器皿中放置10分钟，让底液充分渗透布里欧修，然后撒上扁桃仁片（见图②）。
5. 放入180摄氏度预热过的烤箱中烘烤约30分钟。
6. 取出后撒上糖粉点缀。

将掏空后的布里欧修放置在耐热器皿底部后，将切下来的球顶填充至空隙里。

注入底液后，轻轻按压布里欧修，促使其充分吸收底液。

参考文献

·《法国料理大全》（白水舍）

·《新拉鲁斯美食百科全书》（同朋舍）

·《鸡蛋大词典》（工学社）